明德书系
趣味文明史
有趣 & 有料

舌尖上的法国

Gastronomie Française: Histoire et Géographie d'une Passion

[法] 让-罗伯尔·皮特/著
Jean-Robert Pitte
李 健/译

中国人民大学出版社
·北京·

2011 法国美食节厨师
展示烹饪艺术

法国香肠

法国葡萄酒

法式焗蜗牛

勃艮第牛肉

鹅肝

松露

勃艮第蜗牛

鱼子酱

谷物面包

填喂肥鹅

海鲜美食

法式香橙煎松饼

公爵夫人土豆

法国某餐厅（局部）

法式蒜香面包片

生蚝

法国起司

法式可丽饼

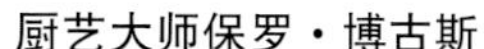

厨艺大师保罗·博古斯

马卡龙

洋葱汤

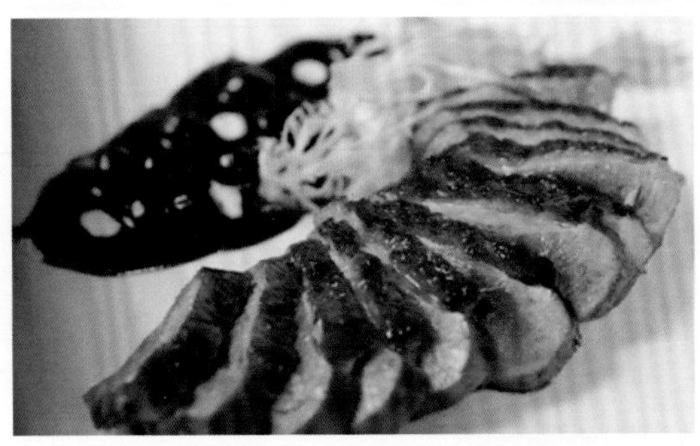

鸭胸

天空湛蓝，万物微笑，我离开餐桌，身心幸福。

——摘自［法］古斯塔夫·福楼拜：《旅行》，第一卷，46页，巴黎，美文出版社。

旅行充满了魅力。远处的黛山在薄雾中若隐若现……村庄里的茅草屋上流淌着光影与欢乐，树影婆娑中露出明亮的光华……多丹，有一只野兔从一头母牛的蹄间蹿过，出没于葡萄园的矮墙下那片摇摆不定的青石上。

多美的景致啊！看哪，拉巴兹，这道强劲的烩餐：野味、奶油、美酒……多么纯正完整的葡萄酒炖野味！

——［法］马尔赛·鲁夫：《多丹-布封的生活与激情》，67～68页，巴黎，斯多克出版社，1924。

前言

库格卢夫模子

1871年，将满17岁的玛丽-玛德琳娜·文德玲，科尔马小城（当时在普鲁士境内，现在属法国）附近格鲁森海姆村一个阿尔萨斯农民家庭的女儿，来到巴黎并决定留在法国。在她的小包袱中，有一件不寻常的物事——库格卢夫模子（她总是操着家乡口音，管它叫库克卢夫），是她妈妈卡特琳娜1840年结婚时置备的。这个不起眼的日用品是陶土制的，从材料上看极易破碎，然而它代表着难以描绘的情感价值，一直在发挥着作用。可以说，多少是为了它，也为了其他一些象征物，阿尔萨斯和洛林才能重新回到法国的怀抱。100万勇士曾经为收复这片土地捐躯，代价太大了，但用他们的鲜血所浸染的泥土制成的蛋糕模子所体现的精神是无价的。玛丽-玛德琳娜就是这样想的，她目送她的女婿——风华正茂的亨利离开巴黎东站，19世纪她就是从这里来到巴黎的。亨利在枪管中插上鲜花就上了战场。

亨利在凡尔登战役中阵亡了，玛丽-玛德琳娜又成了她女儿阿丽丝一家的主心骨。库格卢夫模子取代了阵亡者的位置，玛丽-玛德琳娜每逢节日都会饱含激情地准备一团面，发酵、加水、反复揉搓，然后把面放进库格卢夫模子中。接着，她用披肩仔细裹好模子，一直送到面包炉中。她的孙女雅内特，睁大眼睛注视着这神秘的仪式，玛丽-玛德琳娜和阿丽丝过世后，雅内特会继承这个模子和那魔术师般的制作方法。

由于众人的小心翼翼，库格卢夫模子竟变得像黄铜制成的，至今还完好无缺。它还时常被用来烤蛋糕，就是卡特琳娜 150 年前烤的那种。被火烤化的黄油使模子仿佛带有大理石般的花纹，模底还粘有烤脆的杏仁。

我们的家传模子仿佛是个了不起的物件，我写这本书多亏了它，当然也要感谢我的曾祖母玛丽-玛德琳娜，是她遗传给子孙后代们对美食的热爱。

这本小书无意研究食物、烹饪和饭桌摆设的整个历史，事实上这些方面有许多专门著述，我在书中也作了适当参考。本书主要从地理分布角度研究法国的美食，包括日常饮食或特别大菜，普通菜肴或高档美味。它与一张出色的地方菜系图谱或餐馆大全之类的不同之处在于，它试图提出一个全法国人民都感兴趣的问题：为什么法国人被认为或自认为是食客中的弄潮儿，或者说是美食家？

去年（1989 年），在做当代法国人口味调查时，我邂逅了米歇尔·盖拉尔。我向他提出这个问题时，他不假思索地回答："这是基因中带来的，就像黑人天生会跳舞。"我撇撇嘴，不敢苟同。两天后，他给我打了个电话："对不起，你的问题我回答得太快了。不管怎么说，喜好美食是不能通过基因遗传的，这种现象只能用教育来解释。”

当然！法国人不是生来就有这么好的运气。他们不可能在一天之内就爱上美食并掌握了烹饪方法，也不可能永远是最出色的美食家。要具备这个让他们如此自豪的特点，他们必须每天、每顿饭都做出不懈的努力，对每道菜都一丝不苟，这也是对整个农产品制作和对自己的苛求。为了能在法国人的想象中继续快乐地生活在绿洲中，为了使过去的时光不仅仅是模糊的回忆，人们需要每时每刻对美食付出更多的关爱。了解美食的起源有助于更好地理解这一点。

维拉尔-枫丹，1990 年 12 月

玛丽-玛德琳娜的库格卢夫蛋糕配方

这种蛋糕的配方可追溯到 19 世纪。它是从周日早餐和节日甜点演变来的，和现在的奶油球形蛋糕有很大不同，它不是热乎乎、软绵绵的那种，而是像一种乡村面包，表皮是脆的，面包心很坚实，不会入嘴即化。它是……天啊！在今天的阿尔萨斯面包房里真是很难找到一种跟它类似的面包了。今天的库格卢夫只是一种加入了葡萄干和杏仁的软塌塌的奶油球形蛋糕，有时只能尝出橘花精的味道……

配方：面粉 500 克，鸡蛋 2 个，白糖 100 克，黄油 250 克，面包发酵粉 20 克，一勺盐，半碗马拉加葡萄干，带皮整杏仁。

准备：将面粉、鸡蛋、200 克化好的黄油、糖、盐和用温水化开的发酵粉放入一个容器中用力搅拌，然后加入葡萄干。用黄油涂抹模子内侧，将杏仁嵌进两壁的凹槽中。放入面团。在温暖的地方发酵（如30℃的炉中）几个小时。待面发起没过模子时入炉中烤30分钟，晾凉后倒出来。库格卢夫是非常好的早餐食品，也可做零食或甜点，别忘了浇上一点德国和法国阿尔萨斯产的特色调味酒[①]或是老窖托卡依[②]。

---

① GEWURZTRAMINER，德国和法国阿尔萨斯的特色酒。——译者注

② Tokay，匈牙利甜酒。——译者注

目录

导 言

法国人的美食情

法国是欧洲最看重饮食的国家。世世代代的法国人都坚信，世界上最好的佳肴盛馔出自他们的故土。最近，墨西哥法语语言联合会出版的一本杂志这样写道：“欧洲各民族中，唯有法国人真正关心他们的饮食……毫无疑问，在西方世界里，如果一家饭馆以其烹饪而著称，那么灶头的上方肯定飘扬着三色旗。如果在慕尼黑、苏黎世或伦敦，有人表现出不一般的厨艺，他也是从法国人那儿学来的。”这种高调的赞美不乏佐证。1977 年，法国戈尔—米欧研究所进行的一项调查显示，84％的法国人认为法国大餐是世界上最棒的，只有 4％的人认为此项殊荣应赋予中餐，另有 2％的人选择意大利菜或北非菜系。

这并不是什么新鲜事。早在 1884 年，菲勒阿斯・吉尔伯曾构思了一个“帝国般”的梦想，创立一所集中全球美食的学校，……设置一堂地理课，根据各国的特产饮食来介绍每个国家的情况……这样，全世界的美食将皆荟萃于此，由我们最权威的人士亲自加工，给它们打上天才的烙印，将法兰西美食发扬光大，以飨当代食客。

让·费尔尼欧先生一直希望建立一所国家厨艺学校，也就是胎死腹中的“艾库里计划”，他继承了菲勒阿斯·吉尔伯的想法，于1985年向法国文化和农业部呈交一份报告，力求推广法兰西美食。他在报告中十分认真地强调：“烹饪是一种法国艺术……如果说法兰西美食已臻化境，它不仅要归功于创造者，也要归功于所制作的产品……只有在法国，人们才能既享有美食，又品尝美酒……也许，只有法国才能培养出大师，而其他地方只能训练普通厨师。”

如果只是法国人自以为老子天下第一，那的确有些可笑。我们的奥妙在于征服欧洲乃至所有发达国家而不显盛气凌人。只有日本人顶住了无孔不入的宣传机器，认为我们的大餐内涵丰富，激人食欲，而日餐理性、诗意且营养搭配合理。中国人认为，中国人与法国人对食物，或者说烹饪的感觉不可思议地一致。盎格鲁—萨克逊人与我们的宿怨已经一笔勾销，他们津津乐道于我们的法式蜗牛和田鸡，18世纪初讷麦兹发表的刻薄言论已经不堪回首，他曾说过：“几乎所有人都以为只有法国，特别是巴黎才有美味佳肴，但毫无疑问，人们搞错了。”不过，这位尖刻的旅者马上又换了个口气：“举止得体、身份高贵的人一般食不厌精，他们都有自己的厨师，因为法国的厨师无论在花样制作上，还是在肉料的配制上都比其他地方的厨师强。”即便在20世纪末，这一点也说得过去，因为满街的咖啡馆里那些解冻的烩肉与正经饭店精雕细琢的大餐肯定不一样。

对法国大餐的溢美之词比比皆是。如19世纪末叶的英国维多利亚女王时期，白宫的宴会菜单系法文撰写，皇家新闻处称其为“美食的国际语言”。那已是法语作为外交和文化语言行将没落的时代。

丹麦女作家凯伦·布利克森的小说《巴贝特的晚餐》代表了斯堪的纳维亚人对法式大餐的美好敬意，该书最近已被拍成电影，名字叫《巴贝特的盛宴》。

其他表示赞美的例证数不胜数。匈牙利发行了一本烹饪书，流行颇广，它的前言中写道："无论什么时候，我们的厨师或最老到的大厨们都竭尽全力地模仿法国厨艺烹制的菜肴，以取悦他们的贵客。"1985 年，意大利外贸部出资在巴黎地铁里张贴了一些宣传画，推介该国美食。其中有一张是令人胃口大开的意大利圣丹尼尔牌火腿片，被很精巧地叉在一个餐叉上，旁边有一句写给法国人的话：世上最好的美食喜迎贵客。以色列、匈牙利等很多国家都生产优质奶酪，但这些奶酪都要被贴上佩里戈品牌的标签，否则简直难以销售。因为只有这样，这些奶酪才能拿到法国式的"出生证"。这种现象在时装和香水业也很常见。

如此众口一词的赞誉，还有法国人对口腹之娱所表现的浓厚兴趣，提出了一个实实在在的历史和地理学问题。法国人在什么时候、以什么方式创造出了如此高级的法式大餐？为什么是在法国，而不是在意大利或其他欧洲国家，到处都有美味佳肴和好吃之徒？英国人在我们这里的名声不大好，他们那里也有少见的狂热饕餮之徒。还有法国萨伏伊的"快乐者"们，伦敦的大饭店给他们提供了一架直升机，从 8 月 12 日起去享受苏格兰的松鸡。8 月 12 日又叫"光荣 12 日"，从那天开始进入松鸡——这种著名的飞禽的狩猎季节。别忘了，没有那些好吃的英国佬，可能就没有波尔多、波尔图、赫雷斯还有马德拉等等美味葡萄酒。

无论法国菜有多好，了解这一美名过程的确立很重要，同时也很有必要了解大餐与家常菜的区别。也许，这种界限很难精确地划分。布里亚-萨法兰说，“智者知食”，因为他本人就是一边吃着饭，一边消化着思想的精髓。在这种情况下，一片地道的面包，一调羹“克蛋汀”浓汤或一个煎蛋可能不亚于雪鸥肉（一种禽）或巴尔勒大公爵封地的厨师所作的鹅毛去骨醋栗酱的滋味。尤其是煎蛋的制作，看似简单，实则要求很高，要有一只手感极好的蛋，费尔南·布丸就是用这道菜考应聘的厨师的。美食与爱乐一样，都是一种审美，要求文化的积累和感觉的强化，首要的是品味。

对于凡夫俗子而言，品味这种感觉被长时间地搁置一边，即便是偶尔享用大餐，他们也因为缺乏鉴别能力，对菜量和外观的关注远远超过了质量，其品味因而无法得到提升。而对于美食家来说，任何食物或饮品都会诱发出他们的激情。他们为了追求美味的极致，常常深陷其中，几近痴狂，这种事在唯美主义者中一点都不少见。而对于外行来说，最高级的菜肴就是最无耻的浪费，或者说，越简单越舒服。地理学家保罗·克拉瓦尔讲了件事，他幼时在凯尔希城小学上学，他母亲在那所学校执教。每到冬天，同学们就会把块菰烩肉装在饭盒里带到学校来，一上午都放在学校的炉盘上加热，肉味到处弥漫，令他感到十分恶心。不过，他和他那些吃烩肉的伙伴们都没有体会过撒旦带来的美妙的“激动情绪”，一边做“三个小弥撒”，一边在脑子里想着两只美味母火鸡，它们肉满体长，肚子里塞满了块菰。

美食成癖指美食家过于偏执和刻板，幸而在法国并不多见，一般出现在专业人士中，如评论家、厨师或俱乐部会员。格里摩·德拉雷尼耶尔偶尔也会名列其中，像吕库鲁斯一样，他会单纯出于个人乐趣安排一场盛大豪华的宴会，这也是一种癖好。法国人都会很自然地认为，美味令人陶醉，无法视而不见，怎么重视都不为过，但过于挑剔的学院派风格、一本正经的做派多少破坏了它的本质。约瑟夫·贝尔树、布利亚-萨法兰，以及最近的詹姆斯·德高恺都指出了这一倾向，并批评那种冷幽默的腔调。“美食”一词的来源也是如此，表面上看是希腊字，实际上却是地地道道的法语。

“美食”（gastronomie）一词通过约瑟夫·贝尔树 1801 年撰写的一首上千行的亚历山大体长诗而深入人心，这首诗从 1803 年到 1829 年间再版 6 次，并被译成英语和西班牙语。它既体现了法语的幽默，又符合英语的形式，也就是用一个假装深奥的字眼或新造字来说明一个常见的事物。“美食”一词是从阿切斯特拉特一本失传著作的标题引入到法语中来的，阿切斯特拉特是佩利克莱斯的孙子，十分喜爱稀有和变化多样的美味，现在人们只能从《雅典诡辩者们的宴会》一书的只言片语里体会到这些美食的存在。“美食”这个词第一次被用于 1623 年出版的该书的一本译作中，但自此后再也没有飞入寻常巷陌。以前用“贪吃”（GOURMANDISE）这个词来指称“美食”所说明的事物，贪吃也从此逐渐失去了原来的贬义，只是演变成一种“小过失”；还有“好菜”（BONNECHERE）一词，就是看起来很像样的意思，现在仍常用。还有个词叫“贪甜食”（FRIANDISE），以前曾被简单地划到“糖果厂”（SUCCRERIE）这类的词汇中，后来就有些过时了。另外有个词“美食教”（GAS-

TROLATRIE)，就是以肚皮为信仰的宗教，稍显夸张，甚至有点亵渎了。这个词来自拉伯雷的想象力，倒是从来没有产生什么影响。“美食家”（GOURMET）与美食这个词基本同意，指经验丰富的吃客，对吃、喝很有研究，能够对一切与美食相关的事物都见解独到。

以上就是这种高贵的厨艺的来龙去脉，从“美食教”到“美食”，再到这个词四海扬名，走过了漫长的历程。“美食教”是把贪得无厌和狼吞虎咽进行美化和贵族化的一种尝试。拉伯雷之后的两个世纪里，“狼吞虎咽”成了有教养的精英们使用的最后一个“粗口”，“美食”这个词则含有一种科学和专业的意味。“胃之立法”反映了这个词最严格的含义，非此无以吸引像贝尔树这样的法学者们的如椽大笔，这也证明了食品的精致再也不是出身高贵者的专利，而属于所有那些有一点钱、一点闲和一点情趣的人特别是知识分子，他们将文化和美味佳肴相结合，美化了人类的冲动和欲望，并将之最终转化为艺术。

此后，“美食”这个词所描绘的事物越来越成为普通大众的权利。这方面的俚语也非常丰富，比学者的词汇更容易满足好吃之徒们的要求。法国人大概有 104 个字词来表达足吃足喝的状态，大部分都不太雅。

讲究厨艺和进食伴随着精英们的整个文化发展历程，而在欧洲其他地方，出于各种各样的原因，这方面都有些落后，因而让法国大餐名声远播。当“太阳王”路易十四的表姐帕拉蒂娜女士就着啤酒吃着大块的酸菜白肉洋洋得意的时候，“太阳王”却在享用着做工精致、形式考究的美味。真正的酸菜白肉与可怜的替代品之间还是有着根本的差别，对于明白人来说，这种农家菜无疑也算得上是一种美食，但路易十四从来不会把他对美味的尝试与体验用到这道菜上。正如我们所了解得那样，他只是乐于将酸菜白肉收到高档菜谱的系列中，这也就足够了。

如果说我们无法准确地归纳出美食的所有准则，至少可以说美食对品味和五味的另外四种感觉有着很高的要求，而这点是其他任何据此分类的艺术表现形式都不具备的。形和色的美丽（比如摆桌和装饰），芳香四溢的气味，佳酿流动的音响，酥脆的千层饼和烤肉，水晶和银器的触觉，桌布的精美，菜肴的醇厚、筋道或松脆的感觉：所有这一切共同创造出一个和谐的氛围，宾主觥筹交错、把盏言欢，美妙时光，凝聚此刻。

享受美食的快乐瞬间既体现在对熟知和记忆犹新的感觉的回味，也有试新尝鲜、体验异国风情的惊喜。无论是对原料、做工还是环境，厨师一般心中有数，能够点石成金，知道如何通过高超的技巧进行组合，或突出原汁原味以达到上述效果。老道的食客，无论何时何地，最佳的品味在于准确把握每道菜的感觉，这要求他极其敏感、神经高度兴奋，随时保持最清醒的状态。正如在工艺、音乐和文学领域一样，越深入越会觉得难臻化境。今天感觉不错，明天就会因为在追求极致方面无法逾越新的境界而郁郁不乐。不过，一无所吃倒是激发想象力的绝妙催化剂，就像黎世留主教只给钦犯吃牛肉，还有 1870 年巴黎被围时，年夜饭是公园里的兽粮。

此外，美食与营养学之间历来存在的复杂关系不容忽视。这两大体系都在与时俱进、紧跟潮流，食客们想二者兼得实属不易。它们时而截然对立，时而趋同一致，多数时候在相互较量。人体机能的需求是绝对的，但也是灵活的。有些东西第一次品尝就能打动人心，因而可以登堂入室，位列珍馐；而有些东西则因为心理和文化上的原因，或两者其中的一个因素被弃之如敝屣，人们无法受用；还有一些东西经过一段时间的锤炼，又被大家的胃口和思想所接受。法兰西美食成功地将深厚的传统文化与丰富多彩的奇珍异味绝佳地结合在一起。比如，大仲马就是这方面的代表，还有当今的一些厨界新秀和他们的顾客。法国厨艺史的大多数著作都在他们的菜谱配方中严格地遵循了营养学的原则，从古时直至米歇尔·盖拉尔所著的《伟大的瘦身厨艺》均是如此，有意思的是，美食与营养学的原则总是在变来变去。

美食与自然和社会环境也有着千丝万缕的联系。有些美味的感觉从来没有载入美食的"宝典"，也未体现于文学作品之中。有些平时看起来普通的菜肴在特定的环境和范围里也会变得绝妙可口：在勃艮第葡萄收获季节的清晨，就着白葡萄酒，用你的好牙口大嚼熏咸鲱；在巴黎冰清雾薄的街角尝尝烤栗子；在奥斯登或诺克勒祖特的海滩上来一口煮贻贝炸土豆条，这些享受都不次于坐在银塔饭店的"七重天"，面对塞纳河品味三皇肥鹅肝。萨尔瓦多·达利在他的《豪华盛宴》里充分阐释了这种澎湃的激情。卡达盖大师对迪麦恩家晚宴的描写则表现了他对于美食表现出的过人感觉。

"在索里约的某个夜晚，迪麦恩先生告诉我说，'您请看，雾色迷离，浮于杨树半高之处，树影婆娑，天空澄澈，星光闪耀，树下苜蓿清晰可数。凝思冥想，如此良宵，每逢雾飘于这一高度，我给您准备的馅饼才会恰到好处。’我坐在餐桌前，欣赏着眼前的景致，享受美食的愉悦无以复加，同样的馅饼，若无这番描绘，我肯定会漫不经心地吃到肚里。因此，必须说出菜的特别之处方能体会出触觉的兴奋。”

另外举一个例子是为了向已故的阿兰·沙贝尔致意。他是当代高级厨艺的宗师，某位评论家将其称为行内的“大教堂”（意指大师）。他说过：“努力将红点鲑鱼和石首鱼的味道与阿讷西湖的景色融合在一起，俾使达到品味美食的高潮，如同弗雷笔下在比斯神父旅舍不远处的四重唱，这对于厨师和宾客来说同等重要。”

毫无疑问，许多欧洲人和世界上其他各国的人们都能够体会到类似的“兴奋”——达利就是加泰罗尼亚人。不过也许懂得追求和培养这种感觉的法国人比一般国家更多一些。人们尝试着从法国的六边形地貌做出解释，这可与米歇尔·瓮弗莱不谋而合，他的观点不见得对，但却有助于理解下面这句话：好吃之人居于乐土。

第一章

法国，美食家的乐土还是故乡？

法国葡萄酒和烹饪：迦南神话

葡萄农、酿酒师、科研人员和好酒之徒在思考为何法国盛产美酒时，他们更多地把目光投向这块土地和上面的天空。20 世纪 60 年代，罗兰德·卡迪尔女士在准备关于勃艮第海滩葡萄农的论文时，曾仔细研究了这块金色海岸的“大气候”（意指勃艮第的土壤和所产的葡萄酒），记录气温变化，建立相关数据，测量阿尔贝多指数（指给定土地面积的光照反射比例），比如，这里泥灰岩的阿尔贝多指数较高，酿制查理曼-考尔通葡萄酒的夏多奈白葡萄就生长在这种土壤上。罗兰德得出的结论是：“当地的小气候和地质土壤结构相互作用，和谐互动，造就了当地葡萄的高品质，塑造了当地特级佳酿的特性。”我们还有必要听听最近去世的波尔多地理学家亨利·昂扎尔贝或他的弟子勒内·皮亚苏对梅多克的沙砾地带的看法，他们观察着那里的碎石子，估算着它们在土壤中的比例，指点着易于灌溉的圆形缓坡，以此证明此地所出的特级酒确实高出一筹，桂冠应属于当地的拉图尔庄园。

不可否认不同年份对于某一个品牌的佳酿取得成功所产生的影响。贝尔纳尔·于德洛，努伊上海岸的一位神奇的葡萄种植者兼酿酒师，言之凿凿地认为，1989 年高压气旋较稳定，秋季又特别热，因而这年的葡萄酒肯定无法达到 1988 年的水平。1988 年，白天气温变化大，让葡萄苗“受了罪”，从而培育出了皮诺白葡萄苗最好的品种。此外，每天暖雾与干爽交替对于索特耐地区西奈雷葡萄孢的协调生长至关重要，这种孢子是搞好发酵与制造当年佳酿的主要因素。

由此看来，众多的葡萄园气候温和且种好葡萄的各种微妙因素尽皆具备，采光充分，灌溉便利，土壤的沙石与化学成分分配合理，以上种种足以解释为何法国拥有大量优质和特级优质的葡萄酒。但是，为什么尚拜旦出产一些中档甚至劣质葡萄酒？贝里、普瓦图或上索纳省高原的某些地方各种条件也很充分，为什么根本就不产酒？还有，那些名酒从来都不是产自条件非常好的地段，而恰恰出自需要付出艰苦不懈的劳动才能进行葡萄种植的地方。梅多克一些大葡萄园的地下埋着许多中间掏空的松树树干，这些 18 世纪的排水工程就是最好的证明。在某些庄园里，供暖设备和喷雾器（用于解冻和保护正在抽枝的幼芽）难道不是可以确保每年都生产香槟和夏布利葡萄酒吗？总之，酒要喝个明白。已故的安德烈·诺布雷大师掌管着勃艮第的酒库，为罗马奈-孔蒂的庄园兢兢业业地干了 40 年。他在沃森平原土质平平的沙石地上因地制宜地酿了一辈子酒，总结出一条：严格的要求与技能远比土壤条件更有价值。

罗杰·迪翁曾说过：“土地对培育佳酿的作用比不过材料对于酝酿艺术品的作用。”关键在于如何让材料说话！没有佛罗伦萨的大卫，也就没有卡拉雷精致的大理石雕塑；而没有米开朗琪罗，则根本谈不上美第奇家族对艺术的保护。当然，没有精心灌溉过的沙质圆土坡，也就没有伊肯堡葡萄酒。没有葡萄种植者世代相传的手艺，一切都无从谈起。眼下，吕克-萨律斯一家满怀热情地遵循着自 1885 年留下来的规矩：质量至上；并巧妙地维护着他们出类拔萃的声誉。不过，如果没有全世界的顾客一掷千金地慕名求购，葡萄酒业也就不值一文了。

在法国这样的国家，能够出产名酒的地方数不胜数。无论是中世纪还是现在，葡萄种植者们对此都心中有数，他们能够根据需要，在适当的时机开发并改良这些土地，因为满足消费者的需要过去是现在仍然是唯一的铁律。罗杰·迪翁为此做出的充分证明令人眼前一亮，他发掘并阐释了奥利维埃·塞雷在 1601 年说过的一句名言："此地无好酒，枉为葡萄园。"当今所有的名牌葡萄酒几乎都是继承了古时的烟火。此后，这些葡萄园按照国家原产地酒名研究院（INAO）的政策，或者定位于古已有之的豪华酒市场左近，或者毗邻阳关大道便于买家寻找。

至于香槟酒，如果没有那些王公贵胄，没有那些酒类博览会，便不会声名远播，它的红酒系列也不会在中世纪畅销；如果不是圣-艾弗蒙，英国人也就不会对气泡型白香槟趋之若鹜；没有摄政王和路易十五的宫廷的推崇，香槟也就无法成为节庆大典以及巴黎上流社会浮华豪奢的标志。

试想，如果勃艮第的海滩未能处于古代大公国都城的周遭之地，也没有坐落在中世纪欧洲联结巴黎盆地和北部平原的通衢干道之旁，勃艮第人还能像今天这样以其葡萄酒自豪吗？希多的苦行僧们如果没有机会在他们的寺院里接待欧洲各路豪门，他们怎么可能将其在沃若葡萄园的种植技术发展得无懈可击？

如果桑塞尔、布尔戈耶、希农和安茹的葡萄园远离卢瓦尔河的航道，如果卢瓦尔河谷未能紧邻巴黎，如果历朝历代的国王们以及那些皇亲国戚们没有把他们的豪华宫殿集中在此处，这里没有变成“辽阔的法国后花园”，上述那些地方还会出产葡萄酒吗？

诚然，沙铎讷夫（意译为新城堡）拥有平整的沙砾土地，可以让葡萄苗充分地“受罪”，在秧苗上下一番工夫以培育出特级佳酿。但如果不是教皇城堡和他们的宫廷所在距此不过咫尺之遥，当地的好酒还能得见天日吗？阿尔丰斯·都德在《教皇的母骡》中风趣地写道：“每个星期天，这位贵人（教皇）做毕晚祷，就开始向他的葡萄苗们大献殷勤，他站在高处，头顶阳光炎炎，他的那头骡子站在身边，大主教们围在葡萄苗脚下。此时，教皇打开一小瓶当地葡萄酒，这瓶好酒色泽如同红宝石，被人称为教皇的新城堡。”

对于波尔多而言，自中世纪以来，当地的葡萄酒就面向英国市场，否则波尔多酒将毫无特别之处；17 到 19 世纪，当时的法官、经纪人和银行家等大家族将夏尔特打造成面向英国、北欧和美国的世界级高档葡萄酒出口港，若非如此，波尔多酒也就没有那么大的名气了。如果像拉菲特家族那样拥有了曾出使法国后成为美国总统的杰斐逊那样的大客户，人们就不再考虑开支，缩减利润在所不惜，只求技术日臻完善，酿出酒来精益求精。今天依然如此，所有梅多克地区的葡萄园都会毫不犹豫地将可能玷污其名声的产品淘汰。一个世纪来，其中 7 个年份太差，吕克-萨律斯家族无法酿制伊肯堡酒（现在香槟地区的很多大酒坊也是如此，只在好年头生产其特质名酒）。

至于巴黎，到底是什么因素促使巴黎的葡萄农们从中世纪以来就酿制好酒呢？其实絮伦产的劣质酒在巴黎也能卖得很好，因为普通的巴黎老百姓实在买不到什么好饮品，而首都的那些达官贵人则可以从塞纳河的上游或卢瓦尔河谷得到充足的供应。

这种情况其实在所有的大都市都可以得到印证：里昂和它的博若莱葡萄酒，南特的麝香白葡萄或大种植园，波尔多的右岸或两海之间的地方酒。随着工业革命以及铁路事业的发展，运输成本大大降低，像朗格多克这样的地方可以全力以赴地大批量生产中低档酒以供应法国北部的工人。

发生在葡萄苗和葡萄酒上面的故事对烹饪也是一样的。人们都以为法国到处流淌着奶和蜜，一低头就能收获天上掉下来的糕饼，而且是最好的一块，这种想法其实是大错特错。奥古斯特·埃斯考菲曾雄踞西方高级烹饪界近一个世纪，在他的记忆里，始终相信这样一种观点："经常有人问我，为什么法国的厨师总是比其他国家的厨师高一筹。对我来说，答案很简单：法国的土地有着无可比拟的优势，盛产世界上最好的蔬菜、最美味的水果和最棒的葡萄酒。法国还出产肉质最精细的家禽，最松软的猪肉，品种最多、肉最细嫩的野味。法国的海岸提供了最鲜美的鱼类和贝类。这样，法国人自然就成为最会吃也最会做的人。"

下面紧跟着的两句话也道出了法国人从事这种天命决定论式的

职业的必然性："对于一个烹饪当家的民族来说必须拥有很长一个时期的享有优雅生活的历史，重视朋友之间的聚会，美餐一顿犹如过节；同时还应具备良好的家庭传统，烹饪秘诀能够母女相传，绵延不绝。法国烹饪之所以享有盛名，我看主要是我们的文明使然。"

那么，为什么不能说优质的产品既是人的杰作也是大自然的恩赐呢？如果没有美食家，就无所谓出色的厨师、新鲜蔬菜和水果、上好佳酿、良禽精肉，也谈不上灵巧的猎手经营着狩猎之道，能干的渔夫捕捞着上等海鲜；总之，法国并没有那么"自然而然"地成为美食家，法国人也没那么容易就大快朵颐。

法国位处温带欧洲的中心区域，这为其提供了多种多样的良好的农业耕种条件。然而，其他国家的自然条件并不比法国差。意大利、伊比里亚半岛、巴尔干半岛不也万事俱备吗？总的说来，全欧洲又何尝不是如此呢？此外，世界其他城市甚至一些小城市不是也发展出了上等的美食吗？如佩里戈、布莱斯、阿尔萨斯、托斯卡纳（意大利）、波伦亚（意大利）、里昂、非斯（摩洛哥）、京都还有广东。这些足以说明"地区差异导致水平不同"这样常见的理由实在牵强。只要我们说到"地区菜系"，——让我们再回到这个概念上来——可以肯定的是，法国比世界上其他任何国家都要多。这里我们不得不又要重弹世人皆知的一个老调。保罗·德·库尔塞和西科斯特·德洛姆于1900年合著了一本令人称奇的儿童读物——《法兰西美食行》，其中写道："你的老师们，我毫不怀疑他们的水平和良好意愿，肯定告诉过你们，法国是世界上最美丽的国家，最棒的国家，不是吗？因为法国有多样的气候、地形和丰富的物产。他们还会补充说，任何其他国家都没有法国这么多的美味。”

英国当代著名的烹饪作家伊丽莎白·大卫也写过：“法国烹饪的最大特点之一，就是极其丰富多变，食谱、秘方层出不穷，取之不尽，用之不竭。”而约尔·罗布雄的微妙观点则很耐人寻味，他对法国烹饪的评价一开始也很热情，继而则认为法国并不是世界上的唯一。他说：“应该承认，法国的菜肴质量比起世界上其他国家来确实非同一般：我们的水果和蔬菜味道好极了，我们的鱼也很特别，奶油也是如此。我们还有世界上最好的黄油。即使如此，我们可以在所有的国家都能找到好东西。比如，西班牙的火腿比法国的好，意大利的橄榄油也比我们的强。日本神户的牛肉无与伦比，美国的好牛肉也遍地都是，而法国好牛肉的比例只有两千分之一，而且如果你不了解屠宰厂的话，很难买到。”

高卢与日耳曼的遗产：乡土的富足与社交

美食在法国文化中地位显赫的秘密并不取决于该国自然条件的特殊性，而是体现在居民的想象力的最深处。

谁也不敢说这种好吃的想法一定能上溯到远古蛮荒时期，但无可否认，欧洲的所有蛮族都有着剽悍的民风和放纵欲望的倾向，无论是凯尔特人还是日耳曼人。

毫无疑问，尽管受到后来的罗马、日耳曼、意大利和盎格鲁—萨克逊等诸多文明潮流的冲击，独立的高卢文明的某些特性在宗教、语言、政治、风景以及行政组织结构等各个领域依然有所传承。因而，如果我们提出，高卢人对食物的兴趣与当今法国人对美食的偏好之间有着千丝万缕的联系，这种假设是有一定道理的。在高卢时期，美味佳肴与政治和社会生活密不可分。许多文献都曾提及那时举办过大型宴会，大量的食品和饮料被消耗。

有若干文献记载，高卢人在这种场合真是食欲过盛。此处引用希腊人波塞多尼奥斯的描述，对雅典人来说，“他们的食品主要有少量的面包和大量的在炭火和扦子上煮、烤的肉食。东西当然是干净的，但他们的吃法则像狮子一样，双手抓住一个整肢的肉大啃大嚼。”迪奥多尔·德·希塞尔则描绘了他们狂饮的醉态：“他们嗜酒如命，从商贩那儿买来酒后连水都不掺，便直接把自己灌饱，酒性发作则丑态百出，或烂醉如泥倒头便睡，或举止疯狂恣意妄为。”

值得注意的是，在古时候直接饮纯酒是典型的“野蛮行为”，但从中也可以看出高卢的精英分子们迅速地、怀着极大的热情开始接受葡萄酒的迹象，他们为日后不久全国人民热衷种植葡萄和酿酒作了准备。在奥古斯都大帝时期，葡萄酒还是一种奢侈品。迪奥多尔就生活在那个时代，他在整理了此前诸世纪的旅行者们的叙述后写道，“许多的意大利商人唯利是图，他们把高卢人对葡萄酒的爱好视为一条发财的捷径，通过水路用船运，或通过陆路用套车贩酒，获利之高令人难以置信：一坛酒可以换一个奴隶。”

高卢人可能并不是每天都在暴饮暴食，他们还是保持了很好的体形，常常用一根“腰带”约束着自己的身材。此外，在某种程度上，高卢人在重视数量的同时并未忽视加工的质量，尤其是猪肉食品的加工至今仍为罗马人所称道。斯特拉彭证实道：“绵羊群和猪群不计其数，出产的皮外套和腌肉不可胜数，不仅满足了罗马的需求，而且可以供应意大利的大部分地区。”

瓦龙也对此加以确认：“高卢的猪肉制品味美质鲜，远近闻名。火腿、灌肠以及类似的产品每年都大量出口罗马，充分证明了他们的优势和品味。”

这些上好的腌肉来自塞康地区（约为现在的弗朗什—孔泰，当地的熏火腿自古有名）、纳尔榜，特别是塞尔达涅以及比利时高卢的美那地区。还不可不提到莫林地区（布伦）的鹅，按照普利娜的说法，这些鹅都是整群地被赶到罗马的。

高卢那时已是奶酪的出口国，尼姆、洛泽尔、热沃当、图卢兹还有塔伦台都盛产奶酪。波尔多、马赛和纳尔榜的牡蛎也很受欢迎，出口到意大利和罗马日耳曼地区。

是不是可以根据这个令人垂涎欲滴的目录，就得出结论说，那时的高卢人已经设计出了真正的精美烹饪？也许在被罗马帝国征服之前并不可能，即便当地的烹饪已经具备了自身乡土的味道。这主要是因为那时还没有出现食谱集子，这对厨艺的创新和复杂厨艺的传承必不可少。

高卢人在罗马学会了加工食品的准备方法，特别是在并入罗马帝国后，亲身经历了备餐技术的演化。用桶装酒说明在烹饪方面也发生着同样的变化，至少在富裕阶层是如此。对普通人来说，很难讲他们的食品得到了多大程度的改良：与之相比，生活在瓦松别墅、孔塔平原和上迪欧山区庄园的富人们的饮食方式肯定截然不同。只要是生活富庶、文化气氛浓厚、交通便利的地方，罗马式的高档烹饪必然大行其道，如同《阿皮修斯文集》和其他文学作品描述的那样。此后，一顿好饭就是指菜肴丰盛，甚至过于丰盛（如同在被征服前），且都应用稀有的原料根据复杂的配方做成，这些规矩自此后成为全世界烹饪界遵循的法则。除了高卢农民日常吃的比较粗糙的饭菜外，小地主、小商贩和官员们都已经可以吃到牡蛎、胡椒、法勒尔的葡萄酒和其他大都市的时尚小菜。

高卢人部分地保留了他们在节日期间大吃大喝的传统，后来日耳曼人入侵后也没有影响这种习俗。这些入侵者们虽然曾受到过罗马人的影响，但其饮食更多地类似于野蛮时期的高卢原住民。日耳曼人的饮料也是从谷物发酵而来，这也有助于他们与高卢人彼此的接近。贝尔特朗·黑尔充分证明，在当今的阿尔萨斯，啤酒消费有时过于惊人，这和古日耳曼人，著名的“迈纳崩德”（古德语，男人们）的社会生活鼓励开怀痛饮密切相关。

随着时光流逝，葡萄酒在中世纪的上半叶逐渐深入人心，教区城市和王室的一些原本抵触葡萄种植的家庭也开始接受它。几百年来，强大的法兰西保持了这一传统，并将其发扬光大，使其成为欢乐与健康的标志，如同她热情地接纳教会一样，教会也接受了葡萄酒。法国的气候非但没有破坏这一传统，反而大大刺激了它的发展。

许多作家都试图解释法国高档烹饪取得飞跃的原因，或言其以食物佐酒，或言其调味品制作精良。其实这些都不是法国所独有的特色，因为从中世纪到现在，英国、中西部和南部欧洲的广大地区都适宜种植葡萄。当然，有些因素确实不容忽视。阿尔萨斯的酿酒大师埃米尔·容格认为，酒中所加的配料可以对酸味进行非常复杂的中和，从而使口味达到完美的境界。另外，葡萄酒也打开了胃口，促使菜肴必须做得越来越可口。对于胃口来说，所有的酒类都能起到作用。但是要达到诱人的效果，应避免用过高度数的酒或过于强烈的成分破坏口感。啤酒的苦味只有在就着味道很浓的腌制或熏制食品时才可以被人接受；这种苦味同时又可以解腻。烧酒则只用于助消化或取暖。此外，只有在冬季寒冷的地区，葡萄苗能够充分“受罪”的土壤上，秧苗向土地深处下钻方能获得营养，法国的地理位置使之具备这一优势。同时，葡萄农耕地种粮食的收益有限，只有尽可能将酿酒的质量发挥至极限，唯有这种地方出产的葡萄酒才能够给人一种丰富的感受，从而唤醒人们对类似食品的回忆。在多种因素的综合作用下，法国葡萄酒的质量逐渐跻身世界前列。

烹饪与葡萄酒的发展紧密相连：这两种技艺并驾齐驱，自 17 世纪起共同进步，相得益彰。

法国大餐和地区菜系：这是最近的发明吗？

在中世纪，无论是家常菜还是大餐，法国与欧洲其他地区并无太大的区别，这是大多数作家的意见。斯蒂芬·莫奈尔在仔细地比较了英格兰和法国后说：“在中世纪的时候，无论是在饮食还是其他领域，一国之内各个社会阶层之间的差异要远远大于国家之间的差异。”如果说确实在国家间存在这种情况，那么在地区之间这一点更为突出。地理学家在此问题上面临着与区分景致同样的困境：树林围起的庄园——开阔的田野——自然风光，这种风景的格局在中世纪末叶的欧洲南方开始盛行，直到18世纪彻底形成，这里并不排除其中存在着一些原来就有的细微差别，但即使是文献也无法纪录所有细节的差别所在。语言、建筑、村舍和服饰概莫能外。这里既要注意不同地域的文化生活严密而又古老的界线，还要考虑内容的相似。每每谈到古代的文化时空，它总是与社会一样不停变迁，很难把握，武断地将其分门别类太过牵强。也许直到19世纪的中叶或末叶，随着工业标准化时代的到来，它的多元性才得以充分展示。

由于缺乏更准确的资料，我们只能假设，法国农民和欧洲其他农民一样，从中世纪以降的几百年里，主要以种植和采摘蔬菜为粮。他们的主食是小麦做的面包，最好的面包用黑麦或大麦，最常见的是混合面，再多少加上一些糠皮。白面包算得上是一种非常讲究的食物，大部分农民一辈子都没吃过。有一种黑色的圆形大面包，因为用不同的面粉或发酵粉，质量参差不齐，个头很大，易于储存：可放一周甚至更长时间。因此，这种面包吃起来一般都不太新鲜，不过问题不大，因为吃之前都要蘸汤，这是正宗的法国甚至全欧洲的吃法。

做汤时要在壁炉里支一个三角架或挂一个铁钩，上面放上陶器或一个生铁锅，架起火来慢慢炖。锅里除了从井里或河里打来的水——最好的是泉水之外，主要就是蔬菜了，有白菜、豌豆和一些各类根茎，如白萝卜、胡萝卜、小萝卜以及韭葱，葱头类，如洋葱、大蒜、麝香兰，家种的或野生草本植物，如小葱、香芹、荨麻、百里香、鼠尾草等等。最常见的情况是，汤里不放肉，或者放一小块腌肉给汤添点香味。一般情况下还是尽可能地加点猪油、牛油、绵羊油或鹅油，或者像著名的诺曼底大肉汤一样把这些东西都搁在一起，再有就加点奶、奶油、黄油或者橄榄油。

除汤、菜之外，农民们主要吃谷物，自新石器时代以来就是如此，迄今为止在所有大洲依然十分普及，煎饼和烘饼只是其中的变种而已。奶酪和乳制品也比较常见，不过量不是很大。一般来说，全脂奶酪主要用于出售，农民们只吃撇掉奶油后的牛奶做的副产品，汝拉山的软干酪抵挡住了食品革命，仍然享有一定的盛名。如果农场的收成好，鸡蛋的供应充足，交给庄园主的租子还有富余，每到星期天的时候，农民们的汤里就会多一点内容，或者是多两块腌猪肉，或是一只鸡。饮料主要是水，最多掺点葡萄酒和苹果酒，或是一种用果渣酿的劣质酒（如英格兰现在还有的一种饮品，也叫做葡萄酒）。

路易·斯图福和雅克·巴劳对法国普罗旺斯进行的一些研究充分证明了地域趋同的观点。做菜时使用西红柿—大蒜—橄榄油三部曲一度被认为是该地区有别于法国其他地区的重要特征，实际上这种情况仅仅是最近才出现，并不仅仅限于对源自美国的西红柿的使用。路易·斯图福重点研究了 14 和 15 世纪普罗旺斯的饮食，指出当地饮食主要包括白菜，佐以韭葱、小蚕豆、菠菜和莴笋，这种饮食传统虽说是教皇们带来的，但实际上可能更古老。路易强调，“食用橄榄油、大蒜，大量食用绵羊肉，偏好带有香味的植物，这些都可以让生活在田园般的普罗旺斯的唱诗班喜不自禁……在 19 世纪和 20 世纪发生的事并不见得存在于中世纪的后半期。那时，橄榄油只用于鸡蛋、鱼和油煎小蚕豆。除了这几样菜之外，腌猪肉是炖汤最上等的肉料。青豆汤、蚕豆汤、白菜再加上猪肉条是普罗旺斯农民、手工艺者和大多数平民的基本食物。”

如果将普罗旺斯的例子引申来看，我们可以注意到所谓的“地区菜系”其实只是引进了美洲大陆的蔬菜之后才出现的。如青椒之于甜椒炒豆，玉米之于肥鹅肝，扁豆之于什锦砂锅，土豆之于多菲内奶油焗土豆或蔬菜烧肉。其实这种现象国外也大同小异，如果没有土豆，意大利菜不知会变成什么样？

让-路易·弗兰德林认为，各地区的相似性其实并非如某些历史学家所说那样明确。他强调，无须回顾远古的神话和地区菜系的持久，自中世纪末，一些汇总了贵族饮食的烹饪指南就证明，除了真正的都市流行因素外，确有一些特别的感觉：“在所有的食品中，我们都可以找到东方的辣椒、酸葡萄、微酸或糖醋味，尽管用了黄油、绿色蔬菜，大量的禽肉和烤野味，还有鱼肉，但汤汁几乎从不显腻。平常的日子里，有面包和谷物做的菜。但更细致的研究发现，在这种表面整齐划一的背后，各国和各地区有着不同的品味：辣味各有特色，英国的煮洋葱和法国、意大利的炒洋葱反差很大，意大利人、加泰罗尼亚人、特别是英国人对于甜味或酸甜味的要求千差万别，法国人对浓郁的酸味则尤为喜欢。以上种种不一而足。”

他还提到了一些地区性的特别叫法，如“波旁内的奶油水果馅饼、萨伏伊的薄羹、图尔奈式的亚麻荠汁等等”。

几个世纪过去，农民们的食物逐渐丰富起来，且各地的差别日益明显。淀粉类食品的使用对面粉是个极大的补充，如谷物的收成不足，甚至可以取而代之，如酸土壤地区的栗子、16 世纪源自美洲的菜豆、18 世纪后经过长时期的重重磨难后引进的土豆。猪的存栏数大增即得益于土豆的使用，肉锅里因为多加了猪肉条因此油水也日渐增多。源自美洲大陆的谷物玉米可用于做营养充分的粥糜，在法国西南部叫作“弥亚”（MILLAT），在布雷斯叫做“勾德”（GAUDES），但主要是提高了家禽的饲养量，促进了它们长膘。在 18 到 19 世纪的牧业革命的影响下，牲畜存栏数空前提高，其营养也很充足；人们对肉的消耗量日益增多。在较富裕的农家（粮农），庄园城堡里或城里的手工艺人和贩夫走卒中间逐渐形成了一些被称为“地方风味”的菜肴，它们原料丰富、口味醇厚，不少法国省份都以此作为其招牌：焖牛肉、浓味蔬菜炖肉块、蔬菜烩肉、辣汁牛肉、菜豆烧肉，这些菜肴肉多，用料酒和奶油作汁。它们也并不排除古法今用，比如蔬菜牛肉浓汤，源自味道醇厚的白菜汤，现在已成了一道国菜，它就是古法今吃的代表。布里亚-萨法兰曾提及 18 世纪中叶的菜肴：“在中午或午后 1 点，我们吃正式的浓菜汤和蔬菜牛肉浓汤，并根据财力或时机加点儿配菜。”

相对于普通日子里大众菜的简单和局限，节日里的菜肴总是十分丰盛，无论是农家节日，宗教仪式还是生死轮回。也就是在这种时候，人们把平时挂在天花板上或壁炉里的肉摘下来，打开专为此刻留存的葡萄酒或苹果酒。所有平时要卖到城里的，或是要作为租子交给庄园主的产品此刻都可以尽情享用：发酵的面粉、鸡蛋、黄油、橄榄油、奶酪。那些日子几乎见不到什么草类或根茎类的东西，都是肉，大量的肉似乎是为了抚慰平时过于清淡或食用过多碳水化合物的日子。直到 20 世纪 70 年代，死一头猪可以让法国所有的农村过一次狂欢节，每个人都吃得撑破肚皮，这种现象眼下在许多穷困的国家里还很常见。用不着怀疑一个摩尔人在节日里吃掉的绵羊肉或单峰驼肉的分量，而此人在平时可能什么都吃不到。一直到最近，法国农村的婚宴还是要大操大办，一吃数小时，流水席一摆就是好几天。民俗学家冯·热奈普对此颇有研究，并与世纪初的情况做了比较："从中世纪到18世纪末期，从菜单来看，人们似乎更喜欢野味。而现在，只有许可的狩猎期或偷猎的时候才有这种情况。旺代省的一个小型婚宴上，一次要'开掉'60只母鸡或小鸡仔；而在其他地方，一场100人到500人的大型婚宴要消耗无数的绵羊、牛犊、猪甚至整头大牛。至于饮料，他们总是开怀畅饮，司酒官的职责就是倾其所有，倒光所有苹果酒或葡萄酒桶，让来宾们尽兴而归。"

由此可以看出，希腊、罗马带给高卢人和日耳曼人的传统依旧充满活力！从未有任何道德权威真正实在而持久地对此进行过谴责。

直到20世纪，农村的家常菜总体而言依然过于简单。这并不是因为没有什么选择，而是因为条件所迫，必须如此，这就是为什么在农民的想象里，快乐富足的影响如此强大。

法国拉伯雷式的玩笑

因此法国人的饮食在很长的时间里都在教会强加的粗茶淡饭、斋戒和节食与节目期间放肆的暴饮暴食之间交替。法国人非但没有以此为耻，对此保持沉默，反而在所有的大众文化中加以美化和歌颂，将其编织在历史、诗赋、歌曲和谚语中，把肠胃的节日与所有的感觉都联系在一起。高卢式的玩笑和拉伯雷式的戏谑没有区别，快乐、粗俗和交际都混杂在一起，有时候，好孩子都会在最后厮打在一起。这种文化背景对于理解高档烹饪的产生至关重要，虽然表面上看起来风马牛不相及。

皮埃尔·茹尔达解释了这种情况，认为在拉伯雷的“高康大”的故事里有现实主义的成分，与中世纪的寓言和笑话一脉相承。如胖子和瘦子吵架的故事直接取自于12世纪的一首诗，诗名叫“斋戒与食肉的战争”。从这些夸张的叙述和激情中演绎出一种非常伟大的乐观主义精神，这是西方社会最古老的元素之一，被法国社会完整地保留了下来。米凯依·巴赫庭致力于证明拉伯雷的著作根植于中世纪的大众文化，他写道：“在享用着食物的时候与这个世界相会是多么快乐，多么有成就感。人类战胜了世界，享用着世界而不是被它所吞噬……拉伯雷坚信，人只有在宴会的时候，且只能用餐桌上的语调才能自由、坦诚地表达自己。”

当今的文学作品已不再颂扬暴饮暴食，不过，酒肉交朋友，盛宴出真情，这句话到今天也没过时。这一点可以在贝尔树或布里亚-萨法兰的“饮食学”里得到验证。

人们一直都以为，拉伯雷式的玩笑以及它的前辈高卢人的搞笑都是法国独有的。其实并非如此，这种写实的表达手法在佩特罗内的《森林之神》里就有，在中世纪欧洲的许多文艺作品里和大众戏剧里非常普遍。无论是薄伽丘的《十日谈》，还是乔叟的《艺术全集》或《坎特伯雷故事集》。狂欢的激情在表达方式上可能各有不同，但在展现风俗的自由度上没有区别，正如今天我们在巴西和加勒比海可以看到的那样，这种精神不但永远存续而且不断发扬光大。

在 16 世纪，全欧洲都步调一致、全民皆庆，同享盛宴。文学作品均毫无保留地反映了这一情况。桑丘·潘沙、福斯塔夫，这些人物都很滑稽，但很真实，也很有人情味，他们都是高康大的好伙伴。不过，随着个人意识的觉醒，悲观主义四处蔓延于西方世界。教会保留了这一情绪直到现在。在当今时代，这种情绪在欧洲的某些地方泛滥。法国、意大利则幸免于难，依然可以忘情地大吃大喝，这是他们民族特性的主要成分。

第二章

爱吃在法国是一种罪过吗?

为了让“热爱美食”在法国广泛普及，道德权威不仅放任自流，甚至在其萌芽期间就对此“偏好”予以鼓励。这种假设一般人均能接受，但当我们接触到事情的本质时发现，像所有的文明一样，问题并非简单地为了使违规的人产生犯罪感。教会面向全社会，在很长一段时间针对所有的欲望的表现形式而设立禁令或者加以强烈的限制，以使违规的人产生犯罪感，这种情况十分罕见。伦理学家们很务实地事先考虑了一些“安全阀”加以缓和，似乎法国的美食就发挥着这种作用。教会长期以来的暧昧或摇摆不定的态度，总体而言很宽松的做法很说明问题。对于罗马天主教会更是如此，在这一点上，教会对《圣经》主要采取了变通的解读。

耶稣也喜欢盘中物吗?

关于饮食，《旧约》的主要特点是鼓吹克制和苦修。当然，挪亚也曾喝醉过，不过这件事被后人看作是主教对于酒的无知而产生的后果，更多地被当作应值得汲取的教训而不是仿效的榜样。沙漠中的吗哪（神赐食物）固然味美可口，但毕竟不是通过在一定的技艺和知识基础上的烹饪准备制成的，它和迦南地区四处流淌的奶和蜜一样，与伊甸园里的水果也没有区别。不过，这其中并非没有美食的存在。希伯来人，如同现在的撒哈拉或中东的游牧民族一样，早已熟知如何烤羊羔，这种手艺罕有其匹。对于肥牛的认识更验证了他们有一种特殊的饲养方式，用于重大时刻的庆典。以特别用于重大时刻的庆典。人们肯定在这个时候大吃大喝，然后，大家高唱《圣歌的圣歌》，狂热地表达各种情绪，包括口腹之乐，以膜拜上帝的光荣。

这一切很容易让人以为，除了犹太教的一些禁令外，耶稣并没有企图与简朴生活划清界限，而是遇到了重大的困难。诚然，他不停地在呼唤着要忏悔，要摆脱这个世界的物欲诱惑，他提醒信徒要警惕过量地食用美味和好酒："当心，莫让你们的心灵背负着荒淫与烂醉。"但他本人却远远没有他的表哥施洗约翰做得彻底，约翰以蚱蜢为食，之后不久，沙漠里的神父和查尔特的教士们也依样而行！相反，耶稣除了在斋戒期间（如沙漠四十天）严格自律外，他还是很愿意吃并且要吃好。他在两本福音里的讲话都证明了这一点："约翰来了，不吃不喝。人们说，他被鬼附体了。人子过来了，又吃又喝。人们说，他是贪食好酒的人，是税吏和罪人的朋友！但智慧最终会通过行动使正义得到伸张。"

至于迦拿的婚礼中的情节（常常被嗜酒者拿来说事），确实具有重大的神学意义，但耶稣是通过美酒创造的奇迹，一个内行对此感到不可思议，本宅主人一直等到酒席将近尾声才上好酒，而此时，来宾们的意识已经模糊，胃口早已填饱。

让-保罗·卢克斯在其新著《耶稣》提出了同样的结论："他也吃饭喝酒，应邀出席节日庆典和婚礼。有人说他是个'酒鬼和吃货'，这当然不大属实，不过福音书里讲到这些事情时没有感到任何羞耻。他并不拒绝一顿盛宴，他将午餐分给法利赛人和税吏共享，而这些人肯定会收下，但十分不情愿。"

有些根据《圣经》的解释里把耶稣描绘成一个严肃刻板的人。就像人们常说的那样，基督从未笑过。如果严格按照书中文字记载而言，这一点似乎令人无话可说，但他鼓励与那些爱笑的人一起笑。为什么他本人没有按照他对弟子们所说的建议去做呢？

耶稣并非不食人间烟火，在关于他的笑的问题背后，其实反映的是"道成肉身"的神学。对于一个基督徒来说，基督既是神，也是人。他不可能没有七情六欲。书中所写让人以为他"一尘不染"，其实他也经受着无数的诱惑。圣保罗曾写道，"因我们的大祭司并非不能体恤我们的软弱，他也曾凡事受过试探，与我们一样，只是他没有犯罪。"

基督是个完整的人，他经受着所有感觉的考验，特别是快乐和厌倦。他喜欢没药的气味，还喜欢出生时东方博士们献上的乳香，以及圣马利亚在他脚下倾洒的名贵香膏。他曾经抚摸妓女们的头发，茹尔丹还有梯比里亚德的纯净的水，喜欢穿麻布精心制作的上衣，喜欢看约瑟在作坊里把木头刨得光滑如镜。他愿意欣赏沙漠的风吹出的旋律，还有教堂里传出的圣歌。他爱喝迦南和西乃山的葡萄酒，这种用醋和胆汁合成的东西献给钉在十字架上的他时，其实并不招人讨厌。那天的千层饼面发得格外好，十分松脆，鱼也烤得十分诱人，因为这都是在天堂的厨房里准备的！毫无疑问，基督心里十分清楚他吃的东西意味着什么，他品尝着创世带来的精华，深入到那些做饭酿酒的男人、女人们的心里，对于凡人来说，这种体会太过缥缈，但当它突然出现的时候，可以为美食者带来难以言表的快乐。回忆一下你以前最爱吃的菜，想一想曾经为你做这些菜的爱人不在人世的情景就足够了。

最早的基督徒和饮食

起初，基督徒与犹太人的不同之处在于，基督徒已不再遵守摩西戒律中关于饮食的禁令，而初期的教会除了在斋戒和苦修上有所规定外，在这方面也没有什么章法可循。饼和葡萄酒是基督教在举行圣体圣事仪式的必备之物。从圣保罗说过的话中可以体会到，最早的时候贪吃仅被列为轻微过失一类："含物是为肚腹；肚腹是为食物；但神叫这两样都废坏。身子不是为淫乱，乃是为主；主也是为身子。"腹部和腹下之处就这样奇妙甚至有些诡秘地被区别对待，但事已至此，大局已定，此后便有了双重标准，两套措施：滥饮滥食与放纵肉体所犯的罪过实不可同日而语。好吃和奢侈后来都被教会列为七宗罪，也就是这些罪过彼此相连、环环相扣，但并不意味着死路一条。罪过可大可小，可以杀头，也可以小事化了，也就是轻微过失，不是所有的罪过都会被判处死刑。

福音书里透露的意思似乎更重视律条的精神，而不是死抠字眼，吹毛求疵。教会规定了一系列的道德准则，-划定罪行轻重并施以惩处。这些条例随着时空推移，根据民族性格和精神状态有所变化。比如严苛的苦修自古就有，从施洗约翰这个最后的先知开始就要求教徒们修行，但并非所有信徒都严格照办，每个人量力而行即可。

早期的圣徒们指明了所有可行的道路以帮助人们像基督一样经受考验，特别是口味的考验。一种是全面、彻底地放弃，如沙漠神父或像圣安东尼那样的隐修者，或生活在石柱上的西蒙·斯蒂利特三圣。夏尔-德·富考认为，隐修这种做法一直持续到20世纪。这条理想之路十分艰难，多少人都无法抵御大千世界的各种诱惑！这种流派植根于犹太教，但在清教徒的哲学里也可以找到。斯多葛学派主张禁欲，但从未放弃社会生活，自泽农（公元前3世纪）到伊壁鸠鲁（公元1世纪）和马克·奥雷尔（公元2世纪）以来，长时期以来都可以说明这一点。伊壁鸠鲁在他的《手册》中写道："只取身体所用之基本必需：食品、饮料、衣物、住房、仆役，一切事关炫耀和放纵的东西，全部去掉……过分地关爱自己的身体，看重体操、食物、饮料以及其他自然的机能都是无能的表现，要把所有的注意力集中到精神上。"

不过，伊壁鸠鲁的建议里也有体现基督仁慈的一面："某人喝了很多酒：不要说这很糟糕，只是说他喝了很多酒。因为在没有了解到原因之前，他怎么知道这会很糟糕呢？"

为了更好地与隐修者面对的诱惑作斗争，圣伯努瓦继前人之后，于6世纪为教徒们的社团生活进行了规范，并取得了无可比拟的成功。有关规定严厉而明晰：死亡就在享乐的门前。不过在食物方面，规定倒是表现出了较大的灵活性。如果说那些管理食物贮藏室的修士们必须要恪守苦修之道，其他的僧侣则并未被强迫克制他们的食欲。值得一提的是，教会要求他们最好不要饮酒，但是如果教士们不愿意，教会也很愿意为他们每天提供一个艾米纳（计量单位，一个罗马艾米纳相当于0.273升）的葡萄酒。因为没有具体的消费统计，可以认为多数的本笃会修士们都会选择第二条路。正是由于这些寺庙的努力，罗马在各个领域的许多传统才得以留存至今，而葡萄种植和葡萄酒酿造则是在蛮荒的欧洲地区，罗马保留下来的最伟大的成就之一。本笃会的教规在饮食领域代表着一条中间道路。

在另一条追求完美的道路上，我们可以看到6世纪末叶的普瓦蒂埃的主教，圣福图纳（维南提乌斯·福图纳图斯），而今，莫里斯·勒龙神父称他为“大饭桶们的监护人”。他完全继承了罗马文化的衣钵，极具基督精神，但绝不过分苛求。565年，他从求学的拉文纳出发，去图尔朝圣，其间多次住在普通市民或教民家里，做诗以感谢他们的热情款待。

他在给希热贝尔宫的市长高贡的诗中写道：“琼浆、美酒、佳肴、华服、科学还有财富！高贡，有你足矣，何须其他。于我而言，你既是渊博的希塞罗，也是我的同胞阿皮修斯，你优美的语言已令我陶醉，还用上好的肉块款待我，而我则请求宽恕，因我腹中已填满牛肉，需静思冥想。”

他给斯瓦松市一位名叫穆摩勒努斯的富人描绘了一场宴会，这是法兰克人的前女王，后来成为普瓦提埃圣十字教堂的圣女，名叫圣拉德孔黛为圣福图纳举行的，他曾是那里的布道牧师。他写道：“菜肴精美丰盛，盘满碗实，在桌上堆如小山。桌子如同一条山谷，桌布宛如草坪，四周沟壑纵横，油水似河流淌，鱼儿漫游其中。首先向我介绍平常人称之为桃子的软水果，他们不厌其烦地递给我，我也津津有味地全部吃掉……不久，我就感到腹中发紧，如同孕妇临产，我对消化能力强极为敬佩。腹中似有雷声隆隆，受到各种压迫，北风和南风在内脏里呼啸盘旋。”

上帝之路难以穿越，福图纳对于美味佳肴的狂热也并未影响他被祝圣。他是纯粹的基督教美食真正的创造者，而且带着法国的做派。在后来的时间里，这种做派只是在某些地方或偶尔才被打破。

这三种接近上帝的方式，也就是苦修、中和、快乐都被人实践过，现在的基督教会仍然如此。不过，在教会早期它们有一个共同点：乐观，发自内心的乐观。只要虔诚、期待和宽容，也就是热爱上帝，每个人都能够得到救赎。无论是吃得脑满肠肥，还是只吃蚂蚱充饥，对于上帝的无限恩赐来说都无所谓。在整个中世纪，尽管生活的准则时有不同，这一点放之四海而皆准，无论是法国还是外国，只是在个别时候，悲观的论调曾在某些异教的地盘上流传。

中世纪的基督信仰与美味佳肴

浏览中世纪关于享乐，特别是饮食方面的文字，感觉我们似乎在和不同信仰的信徒们在打交道。其实并非如此，神学道义也是在左右摇摆，一方面严格控制人的各种欲望，违者必罚，另一方面则放任自流，甚至认为，宗教里的许多内容都很重要，口腹之乐是非常温和的一种，可以提升灵魂。

在持第一类观点的人中，有圣贝尔纳这样德高望重的斗士，要求信众恪守圣典经规的捍卫者。但这并不妨碍在位于沼泽地的深处、笼罩在索恩河的薄雾里的西都修道院在它所拥有的毗邻黄金海岸的沃日园地中，发展出高级的葡萄种植工艺，酿造出法国历史上首屈一指的佳酿。那里的果苗种植疏密有度，葡萄园的围墙保护着幼苗，积存着热能，压榨技术和酿造技术臻于完美。为什么下这么大的工夫？首先是为了上帝的最大荣耀，这一点，无论是西都派还是克鲁尼派都毫无区别，克鲁尼派尤其重视建筑和装饰的华美厚重。其次，葡萄酒可以用于招待贵宾；神父可以与客人共饮，也可以在重要时刻让僧侣们享用。在一个远离尘世的修行者的生活中，无论他多么虔诚，甘愿苦修，破例被允许品尝美酒会带给他无尽的回味，他会迫不及待地期待着下一次机会，生活因此而充满了美好的想象。一般而言，西都派教众的生活简朴，和查尔特勒修道士一样，他们过着半修行半世俗的生活，不过，因为每人都守着自己耕种的一小块地，他们没有什么机会能够大快朵颐。

当然，并非所有的修道院都是如此。12 世纪，朱利安·德·委泽莱描述了僧侣们的饮食习惯：“万恶淫为首，美酒领着走，他们经常嗜酒贪杯，酩酊大醉，大块吃肉，其实他们既没有生病，也没有营养不良，他们恣意妄为就是为了享乐，根本就不会遵守伯努瓦神父立的规矩，酒肉这类东西是用来治愈病号或贫血者的补充饮食。寺庙里平常的伙食对他们来说根本不够，杰罗姆只有几条小鱼，他们对信众供奉的大鱼都不屑一顾。肉一端上来，他们一拥而上，从菜单上看根本搞不清楚他们是俗是僧，只有通过穿着才能辨认。”

在中世纪，好吃常遭到卫道士们的谴责，在整个西欧莫不如此，鲜有差别。这里有一个14世纪的英国的例子，这是乔叟《坎特伯雷故事集》结尾当中的一段情节，作者将这段忏悔录通过一个教区的本堂神父的口讲出来："贪吃使整个世界变得腐朽，如同亚当和夏娃的原罪。它分好几个方面，首先是酗酒，这是'人类理性的坟墓'。其他则按照圣格里高利的说法：'第一是提前进食；第二是追求可口的大鱼大肉；第三是贪吃过度，第四是热衷于准备各种肉食，第五是狼吞虎咽。这是魔鬼手上的五指，以此来引诱人犯罪'。"

在15世纪，法国的修辞大师让·莫里奈也无情地批判了对美味的追求："虚伪的眼神，好吃的舌头，贪婪的大嘴，无尽的欲求，开口就是肉，万事不再愁，理性迷失处，灵魂甘下流。"

为了让这些谴责之词反复流传，绵延不绝，需要有一些切实的理由，因为在修道院里享清福的例子不胜枚举，更不用提世俗社会里热衷的一些"过火"的行为。米歇尔·鲁什认为这些都是比较古老的做法。在卡洛林王朝时代，君主们在那些修道院里大摆筵宴，款待僧侣——将其称之为"康复安慰宴"，主要是用来庆祝他们念兹在兹的一些纪念日：王子们、先祖、嫔妃、圣人，还有他们治下曾发生的重大事件。目的很明确：举行这样特别的宴会实际上就是想让王朝帝祚延续不绝的赎罪礼。也就是"权力合法化"，似乎这样的盛宴拥有一种神奇的魔力，能将来自天主的力量凝聚在一起……可以设想，这些做法都是出自日耳曼国家，在这种官方背景的基督教社会的背后，必然与教团兄弟会的寻欢作乐或异教徒的阴谋有着千丝万缕的联系，那时的放纵（无论是食欲还是性欲）都是对繁衍生殖（无论是精神还是肉体）的欢乐的呼唤。

这些场所的地理分布值得关注，主要是一些富庶的地区，位于卡洛林王朝的中心地带，查理曼大帝于公元802年建立了一批固定的布道点：巴黎、苏瓦松、兰斯、奥尔良、马孔。现在巴黎谷地的中心地带和索恩河谷及其周边地区仍是盛产美食的区域，无论是传统的还是现代的，均得到了丰富的发展。

卡洛林王朝的宴会出色地奠定了法兰西美食的道德规范；无论是王侯将相，还是僧侣教士，或是凡夫俗子，对佳肴的喜爱与他们最珍视的东西紧密相连：如赞美上帝，家庭与王朝的持久稳定以保证公共秩序，手足情深、热情好客，尊重身体和它的需要——至少是食物方面的，合理地享受某些快乐。这些也同样预示着不久的将来中央集权和美食创新之间的紧密联系。

教会试图阻止一下这些寺庙的做法，认为它们代表着对基督教的理解过于乐观。但是众所周知，教会并未取得成功。比如，直到大革命之前，许多的寺庙里依然保有烹饪的技艺——还有葡萄种植技术——而且水平相当高，这不仅仅是因为需要招待来访的贵宾和豪强，主要是他们更愿意享受分享美餐的快乐。E. 沙尔伯尼耶曾调侃地说：“为了解除某些物质的烦恼，摆脱其他的诱惑，僧侣们只好委身于美食和宴会之中。”

纯洁派禁欲主义的失败

纯洁派时期的景象和它悲剧的结局充分说明了法国人对那种悲

观主义和过于严苛的修行模式的抵触，同时也说明法国人希望摆脱东方宗教的影响。

据说，纯洁派的创始人马奈斯于 3 世纪在波斯构思了该教教义。教义的主要思想是，人的身体系由魔鬼所造，必须尽早脱离肉身，因为肉身天生邪恶。为此，应当通过最极端的方式进行苦修，严禁通过人类、动物或植物的繁殖改善或促进邪恶帝国的扩张。确实，类似这样的原则很难付诸实施并推而广之，因此引申出人种层次之分，有选民或“纯种人”——即未来纯洁派的“至善至美之人”——天堂为他们开放，当然他们要进行严格的苦修；接下来是“门徒”，以确保选民们后继有人。这些选民们死后可以转世再生，其葬礼的形式便于根据其生前在动物或人类的功绩可转世再生。唯一能够避免重生时四处漂泊的希望在于某一天重新出生于“纯种人”中间。

来自东方的摩尼教并未消失，不仅在亚美尼亚，连保加利亚的博格米人也是他们的传人。博格米教派主要分布于达尔马提亚海岸，并由此向意大利北部渗透。在所有信奉基督教的西欧地区，双重信仰长期存在。只不过不事张扬而已。自 11 世纪以来，无数的摩尼教徒被人称作纯洁派，希腊语称为“卡塔罗斯”，纯洁之意。他们全方位地放弃了对生活的追求，至少“至善至美者”们确实如此。他们从不宰杀动物，从不食肉，只喝少量的葡萄酒，并掺了大量的水，酒味已乏善可陈。

纯洁派教徒们的地理分布问题十分复杂。因为，像如此悲观的宗教到底如何在法国的中部地区吸引到大量的信众呢？那儿的居民都是罗马时代的高卢人，继而又受到日耳曼的影响，继承了许多更为闲适快乐的传统，对他们来说，这也许就是他们最严格的教义了。理想的基督就是一无所有则一无所失，也许我们可以根据埃玛努埃尔·托德关于新教的假设来解释一下纯洁派的现象，他说："新教关于拯救的概念完全是决定论范畴的，如同纯洁教派一样，首先萌芽于成员地位不平等的家长式家族，所有的法国西南部地区的家庭模式都属于这个体系。新教的天命注定论意味着上帝是万能的，而人在拯救面前是不平等的，这一观点很容易被家长式家庭密布的地区接受，在这种家庭天生存在一种组织结构，一个专制的父亲，一些地位不平等的兄弟。"

放弃感官上的快感，甚至放弃最起码的生活需要，这是在当时非常不正常的背景下人们采取的比较自然的态度。无论某一家族里的子辈成员贡献有多大，家族里的家长有权决定是否向其移交财产，像上帝一样有权决定是救赎还是惩罚。在这样的枷锁下，人们失去了生活的乐趣。费尔南德·尼耶尔对纯洁派和行吟诗人的作品之间的差异感到十分惊讶，因为他们几乎处于同一时代同一地区。丹尼斯·鲁日蒙对这个问题给出了关键的解答，他认为，行吟诗歌表面上很轻浮，事实上刻印着致命的悲观主义的情绪，可以归结为："爱并不幸福"。如果已经将生命看作是一条泪谷，又怎么可能有其他的作为呢？另外，作品中主人公的胃的境遇比他们的心还要糟糕。"爱情常在英雄心，以致他为此不吃不睡。这很严重吗？一点也不，有爱足矣！无需再吃……吃饭就是在浪费时间，兴致盎然地描述所吃的内容更是如此。"

不过，也不能过于看重这种富有诱惑力的解释。为什么西南部地区在宗教裁判所的严酷镇压后并未继续保持严苛的做法？应该相信，即使这片地区后来出现了少许改革的倾向，罗马传统具有一种乐观向上的力量，对该地的影响十分强大。在饮食方面，土生土长的农村家庭孙女、母亲、祖母三代同堂，烹饪技巧得以充分地传承，因此这类家庭对饮食的质量和精致十分具有创造力。

新教改革是反美食主义的吗?

宗教改革时期是美食发展及其在欧洲范围内传播的关键时期。改革的主要使命之一就是严厉地批判教士阶层过于讲究奢华排场的习惯。马丁·路德无情地谴责了教会和世俗社会的奢侈之风，他说："当今世界，贵族的餐桌或是他们的庄园管理毫无秩序可言。……现在，为了满足其空虚和混乱无序的奢华要求，他们安排朋党之间的欢歌盛宴，四大皇城一天的浪费比所罗门王国全境一个月的花费还要多。"

路德的有些表现甚至让人相信他可能是一个严格的素食主义者，后来卢梭也持同一立场："可以确定的是，有一天路德神父拿着汁水丰富的萝卜时会说，主教们唯一的食物就是水果和菜根。我坚信，亚当非常喜欢吃这些菜，他从未想到要去品尝鹌鹑。"

但每个人都有自相矛盾之处，卢梭于 1538 年又宣称："不幸的男人，他们的老婆和女仆根本不会做饭，这可真让人受不了！这样家庭的不幸确实是许多痛苦的根源。"确实，在普通饭菜与佳肴之间还是有一定差距的，马丁·路德对欲望的偏好并未妨碍宗教改革，路德宗或是加尔文教派最终还是选择了严苛作风。

路德宗做出这种选择的原因虽然很多，但基本趋同。首先要看看对教会的批评，教会被认为过分追求财富。这是一种古老的传统，可上溯至基督教起源的时候。众所周知，长期以来，背叛罗马的改革者们从未受到人们的追随，克制只是遵循新教传统的信众的突出特点。为了更好地理解，应当将新教徒的道德取向与其取消忏悔圣事联系起来看，忏悔要求信徒随时保持警惕，使其永远处于一种惴惴不安的状态。对于卡尔文教派和清教徒而言，天命注定论加强了这一趋势，这种论调促使信徒们更加注重劳动和行商，在事业上取得成功成为救赎的前提，而不是去享受劳动所得。菲利浦·伯斯纳写道："信徒如果无所事事、游手好闲，将在选举时失去信任；这就是为什么享受生活、在占有的财富上睡大觉是要遭到谴责的，而通过规规矩矩、不懈劳动获得的财富则要好得多。""对那些摒弃了天命注定论的新教徒们，包括虔信派、卫理公会、浸礼派来说，他们必须通过苦修行为和理性的存在方式来控制其状态。"因此，只有彻底地计划好自己的生存状态才有可能避开"信仰上帝—信仰缺失—临终和解"这一轮回。

还有必要提一下新教徒们的世界观。他们认为，神与人不再沟通，因此人们只好把食物神圣化，企图通过享受一些美食来接近上帝。基督教将此视为古老的万物有灵论的翻版。

新教徒们通过阅读圣经，不断进行反思最终促使他们接触到了精神本质。一切人类的历史表明，依靠本能的普通人则比知识分子们更容易趋向追求欲望的满足。

不过，现在很多的新教徒都很喜欢美味佳肴和上等美酒。阿尔萨斯地区以及莱茵河畔信奉路德宗的德国人热衷此道的越来越多。比如，无是论大厨哈伯林·德伊尔-哈沃森家族，还是他们的好友葡萄种植者于格尔一家，他们的家传手艺代代相传已逾三个半世纪，所酿的好酒——利克维尔在整个阿尔萨斯地区数一数二。从他们身上感觉不到任何苦行修炼的痕迹。

波尔多地区的夏尔特人中的一些大商贾以及科涅克的批发商的态度也很暧昧。他们中有些人的祖先是英国人，或是来自北欧的一些新教国家。在这些有身份的家庭中，他们所做的一切都是为了尽可能取得最高的质量。我们有很好的手艺，能够以理性温和的态度欣赏美好的事物；我们从未自暴自弃，即使偶尔有些过激的表现，恐怕也是为了出点风头。梅多克有一位女士非常的伟大和虔诚，她的家庭来自丹麦，在品尝了她祖母的厨师做的去骨斑鸫肉冻后，她优雅地谈论起了葡萄酒，情绪略带激动，掩饰不住的喜悦，说到动情处还用锦缎桌布不大自然地拭去唇边的泪水……

泰奥多尔·莫诺，这位法国自由派新教的代表人物将这种内在的矛盾发展到了极致。此人十分博学，也很超脱，他的一生几乎都在沙漠的驼背上度过，仅仅带着大米和《圣经》。最近他接受了一位女记者的采访，记者很幼稚地问他是否在精神的召唤与沙漠的召唤之间存在着某种联系，他回答说："一个骑着单峰驼的行者在广阔的沙漠中行走时，最需要的就是一大杯柠檬水和一大块卡芒贝奶酪，并没有什么形而上学的东西，就是这样。"其实人家并未将上帝与沙漠混为一谈，但是这个看似平淡的巧妙思辨将凡间的事与全能的主这两个不同的范畴明确分开。另外，泰奥多尔·莫诺所倡导的婚姻同样也与美食没什么关系！

最近的一个例子发生在十分严苛的挪威。1989 年 9 月，奥斯陆举行地理协会成立百年庆典，挪威国王奥拉夫五世主持了一个十分简朴的宴会，最后以一个冗长的讲话结束了仪式。其实就是没完没了地评价刚才所上的那几道菜和饮料。这似乎是一种令人奇怪的传统，尽管因为在法国，从礼节上讲一般不能在饭桌上谈论所吃的东西，这虽然是一个禁忌，但许多法国人都忍不住会犯规！

来自欧洲其他地区的证据都表明，新教改革的主要特点是宣扬克制、放弃。不过，有一个问题应该分开看，因为新教徒们有时并不遵守禁食和斋戒，天主教徒们就认为他们是一群“好吃之徒”。这个说法更多地出现在对是否忠于宗教的讨论（人们在周五吃龙虾或吃食鱼的鸟类时就算遵守了戒律吗?）而不是针对享乐。

在法国，絮利是捍卫加尔文主义严格教义的主要信徒之一。他高度赞赏荣誉与寄宿，认为这是热爱上帝的明显标志，他很庆幸自己从未热衷于“甜食、辣汁、面点、果酱、加工的肉制品和酗酒，也从不会在饭桌旁漫无目的地耗时间”。耕作和放牧的目的是喂饱肚子，而不是使生存更加舒适，在泪谷中布满鲜花。另外，他设计的“亨利史蒙”计划目的是要通过一套理想的市政规划来建立一个完美的社会，而不是通过一个泰勒姆修道院。因此，很久以后，L. 维特在《亨利三世之死》一书中所作的描写不能算是基于对新教的共同反感而做的假控诉。书中写道：

“国王说：的确，真是咄咄怪事，我很难想象我必须要回到这个巴黎来！

戴佩尔农说：陛下，钥匙就挂在您的腰带上。

国王说：这些胡格诺教徒们，我的孩子们！

戴佩尔农说：他们返回了圣同热去吃黑面包；而我们，陛下，我们将去勒摩尔饭馆和萨姆松饭馆，我们将享用可口的回锅大杂烩……每份价值 20 个皮斯托尔（金币）……大面包、酸渍小黄瓜、欧玛乐麝香糖衣果仁。”

在法国和北欧地区，从 12 世纪到 13 世纪，因为一些我们已经阐述的原因，宗教改革变得越来越严厉。如果说英国的清教徒还拥有一种埃德蒙·莱特试图证明的“幸福的热情”，他们的理念也将快乐的老英格兰转变为“一个更加简朴和更加稳定的国度……自我控制、低调做人、不懈地追求着精神与道义的目标，对他们来说是宗教尊严和信仰上帝的必须且主要的表达方式……他们并不追求苦修，不过，为了不只图虚名，有些苦行僧仍然身体力行，从心理上接受了苦修的事实”。

放肆和过分的行为，还有节日里无节制的饮食，总之，中世纪人们非常喜欢的这些不恰当的行为在英国和新教欧洲大陆都得到了规范。我们只能同意伏尔泰的讥讽，他说：“一位年轻的、充满活力的法国中学生在神学校里每天早上都会大声地诵经，晚上与嬷嬷一道唱圣歌，在他面前，一个英格兰公会的神学士就是一个卡顿，而这个卡顿在苏格兰的长老会教士面前则又显得谦恭有礼……这些绅士们在英格兰都有一些教堂，他们把这个地方的空气搞得十分紧张，这种做法一度也很时髦。”

烹饪之道也情同此理，斯蒂芬·莫奈尔是唯一一位尝试保护英式“绅士”厨艺的人，这种烹饪的做法比18世纪的法国贵族的吃法还要简单，他说：“这些人都把英式吃法视为时尚，他们都很喜欢这样。”这是显而易见的，但并不能说明问题。

而对于加尔文教徒来说，这并没有什么了不起。米歇尔·翁福雷写道：“如果要找一位放弃美食的典型人物，那毫无疑问当属让-雅克·卢梭……但是当我们读到这位哲学家关于美食规则的评论，不也令人称奇吗？其实并非如此，他的所有著作都证明作者缺乏饮食方面的最基本知识。”

这种说法虽很刻薄，但很准确。卢梭在《埃米莉》一书中指责道：“只有法国人不懂饮食，他们要掌握必需的艺术才能让做出来的菜具有可吃性。”对他来说，最理想的饭菜就是一顿素斋，从溪边采来的野菜，加一些奶制品、鸡蛋、野菜、黑面包和清淡的小酒。在他的小村子里，人们很容易想到玛丽·安托瓦奈特，这并非说笑。因为饮食就是与野性、与大自然、与处于原始状态下的耕夫们劳作一脉相承的事。所有从文化上断章取义的辩解，特别是在饮食方面追求享乐都是对这一观点的背叛，对那些崇尚这一观点的人来说是可耻的。在20世纪末叶，这一点是“新烹饪”现象的文化元素之一，还好“新烹饪”现象的其他原因并没有发展到如此极端的地步！卢梭则走得更远；他干脆彻底消灭了口味。谈到朱莉时，他写道：“她的口味根本就没有用；她从不需要用过量的饮食来刺激它，我看到她经常高兴地满足儿童在这方面的乐趣，而众所周知，儿童的口味实际上是淡而无味的。”

卢梭和启蒙时代的其他大师一样，他们都认为，奢侈的另一面，就是在制造苦难：“因为我们的厨房里需要果汁，因而很多的病人缺少热汤；我们的餐桌上需要烈酒，这就造成农民们只能喝水；我们的鹦鹉需要面粉，这就导致很多的穷人吃不上面包。”

喝口奶就能买到良心，这也太简单了！今天，我们可以在那些进行道德说教的政客的演说中、在媒体中、在圣诞节期间的布道中重新发现这一现象的现代版本，幼稚、奇怪，归根结底纯粹是幻想。就好像不吃块菰和肥鹅肝酱就能够救助撒哈拉的农民一样！不要忘记，这个地球上最穷苦的人也是最慷慨的人，每当他们有机会的时候就会将自己的微薄的财产倾囊而出，宰杀最后一只羔羊或最后一只母鸡，盛情款待远道而来的客人。

法国的胡格诺教徒们总的来说与他们的日内瓦同道（指卢梭）看法相近。贝尔丁在临近 1870 年时曾写过关于圣同热的事，他们有很多人到过那里，他写道：“这里没有什么东西是有想象力的。所有的一切都原始、了无生气，令人忧郁。我很同情那些有志走上这条路的好食者：他们可千万不要以碰到下列的情景为荣，‘喷香的馅饼、昂古莱姆市的块菰、图尔的水果、格鲁瓦的美酒，成熟于远方，而这令人喜悦的奶油，是姑娘们在布鲁瓦的郊区亲手搅拌，她们的手指轻轻搅拌，奶油泛起轻轻的泡沫，洁白的颜色令鲜奶蒙羞。”

“其实，菜不好，路很糟，这才是小地方的至理名言。”

伏尔泰认为，贝尔丁的说法可能略有夸张，而且所有民间传说中对法国新教徒习俗的描述也是如此。但从来都是只有富人能借到钱。爱莲娜·萨拉赞讲述了一件很有代表性的趣事，是关于埃力塞·勒克律斯的轶事，此人是一个非常严苛的卫理公会牧师的儿子，故事是这样的：“有一天，一位女性堂区教民故意送给勒克律斯夫人一只漂亮的大鹅。这只鹅已经上了烤架，金灿灿地被摆到餐桌上，孩子们都流着幸福的口水，这个时候牧师先生进了屋。在祈祷之前，他突然问：‘夫人，这是何物?’夫人回答说，‘某某夫人送给咱家的一只鹅。’‘把它送给比你还穷的人吧。’于是鹅就从桌上消失了。”

因此，在工业革命时期，法国的新教徒们奋起与酗酒作斗争就是自然而然的事了。他们基本上都是禁酒协会的会员，“法国蓝十字”协会，也就是法国第一家禁酒协会，由比安基神父于 1890 年创立。他们效仿斯堪的纳维亚同道的做法。自 19 世纪中叶起，斯堪的纳维亚人就已经开始限制酒店的数量和营业时间，并成功地抑制了消费，直至严禁贷款……取消座位。这就是瑞典丢掉了酒精第一消费大国的席位的原因。卡伦·布里克森出色的小说《巴别特的晚餐》，实际上是在向法国的高档烹饪致敬，书中描写了一小拨新教徒被迫饮用法国好年景产的葡萄酒，并大嚼大咽填满肥鹅肝酱的鹌鹑时的尴尬表情。情节发展很自然，结局也很好，所有人物在此后都有了新的体验，面貌也为之一变……

类似的例子不胜枚举，都可以说明新教徒们对美食或无动于衷，或充满敌意，从一心追求自然的卢梭到狂热地喜好油腻食物、吸烟、服药和酗酒，毫无快乐可言的萨特。斯蒂芬·莫奈尔等少数人否认新教对于美食的反感，并指责那些认为新教排斥美食的人失之偏颇，有些韦伯式的简单化倾向，其实，现在的新教徒们早已愉快地接受了这一切，偶尔略带一点遗憾。帕特里亚·威尔斯，美国著名的美食评论家，还有加拿大的亚瑟·萨杰，他们都认为："不可否认，大部分英国人在享用美味佳肴时都会略感自责，为此他们乞求主的宽恕。对他们来说，'好食者'和'美食者'都是邪恶的法语词汇，英国的词汇从来没有过类似'祝你胃口好'的表达方式。他们甚至从来都没有考虑过这样的概念。"

还有一位充满活力的国家行政学院的毕业生雷米·索特，他是一位牧师的儿子，他一向远离那些热闹的晚餐或聚会，每谈及此事时，他嘴角便会带着微笑地解释道："这应该就是我新教徒的一面吧。"

另外，除了极个别的情况，可以说宗教信仰的地理分布与饭馆的地理分布有一定的关联。长期以来，马赛、波尔多、蒙彼利埃、尼姆、米卢斯、蒙别里亚尔一直都没有什么好饭馆。因为新教的大资产阶级在那里始终保持着统治地位，其影响力一直延续到 19 世纪，而那时正是其他地区的高档烹饪飞速发展的时候。现在一切都变了样，唯一的不同是饭馆不仅仅是创作艺术和享乐的作坊，而且是做交易、谈生意的场所。为了让事情进展得顺利，恐怕要努力地多吃一点雪鸦。

我们已经充分地证明了宗教改革限制美食发展的一些情况，长期以来，大家都在尽力地将已经开启的门开得更大，但仍有几个热衷于自相矛盾的人在努力将门重新关上。我们还应该再深入理解一下托德的观点，他认为，新教与宗族家庭之间存在着一种关系，这种家庭往往孕育着宗教的悲观主义情绪，它促使人全身心地投入到宗教的狂热中去，也同时放弃了享受快乐。

天主教改革或是闭目不见

人们很容易将一个经过宗教改革后变得严苛、厌食的欧洲与另一个反改革，轻松享受着饮食之乐的欧洲对立起来。欧洲也在因地制宜、因时制宜地根据“特兰托公会议”的精神打开一条狭窄的门缝。1566 年，严肃的查理·博罗美最终完成的特兰托教谕中规定：“不仅要通过禁食，或是教会的严厉规定来修行自己的身体，还应当去守夜，虔诚地朝圣，还有苦修。”

在西班牙，神秘而又严肃的宗教表达方式盛行一时，其主旨也是朝着严苛的方向发展。多明我会教士路易·德·格勒纳德于 1555 年出版了《原罪者指南》，该书被译成多国文字，之后不断再版直至 18 世纪。他在书中严厉地抨击了感觉，特别是口味：“在我们身体所有的感觉中，最下流的当属口味和抚摸，因为世上所有的动物，不管它有多低级，都会使用这两种感觉，还有很多动物并不具备其他三种感觉，也就是视觉、嗅觉和听觉：因此，只有这两种感觉是最恶毒的，比所有的感觉都更感性，所有的乐趣都是由他们来感受的。”

阿维拉的圣泰雷莎修女主张放弃一切欲望，这与沙漠神父的说法其实一脉相承：“吃和睡这样不可避免的生理需要和其他生命的限制并不会让我们真正地了解我们的贫乏，也不会激发我们的欲望，推动我们走向那拯救我们的地方？”在彼时，西班牙正处于王朝统治时期，当时的国王过着苦行僧的生活，在宫殿式的教堂中修行，他的志向让人不禁想起圣洛朗受刑的焚火架。可以想见，当时的气氛确实不利于催生出宫廷里的高级烹饪，也不会煽起弄臣们的兴致，激发起他们的想象力。不过这并未影响西班牙人成为最不遵守欧洲斋戒律令的民族之一，首先是因为当地的淡水鱼很稀罕，特别是根据教皇雷庞特的特许，也就是"十字军谕旨"，信众可以根据自己的财力，食用黄油、猪油和奶酪。确实，这并非新鲜事，如果说鲁昂大教堂顶上围着一个黄油圈，恐怕也是因为同样的原因。

在法国，也有一部分教会人士和上层社会转向了类似的生活模式，即冉森教义。对于冉森派教徒来说，世界是可鄙的，感觉是可憎的。在1625年，有一本书叫《期待圣爱》。其中写道："一旦人们从感觉中体会出乐趣和快感，则听、说、味、触以及把握，或者感觉此物为何物之说就很值得怀疑了。"《基督灵魂的战斗》是一首用拉丁文写作的长诗，此诗意义非比寻常，成于1657到1663年间，由阿尔萨斯的基督徒雅克布·巴尔德所作。根据米歇尔·塞雷斯最近的论文，这首诗是对于五种感觉进行思考的非常少有的文学作品。在这首圣诗中，感觉被描绘成灵魂的崇敬者，推动灵魂最终向基督皈依。乌拉尼（灵魂）拒绝了鲁姆伯德的诱惑，这个厨师试图通过美味佳肴吸引她，她驳斥道："收起你的菜吧：我可不是个贪嘴之人，如此平常的食物恰恰反映了一个贪婪的灵魂，以扫为了换取低贱的红豆汤而出卖了他的长子权，比他的行为更加卑劣的是他本人的疯狂！你到底想干什么？你这个无耻的吃货！你给我的这些所谓美味或是上好的吃食，我弃之如粪土，我所享用的是天堂的供养。

我活着不是为了吃，而我吃，记着，鲁姆伯德·卡哈卡拉，是为生活，活着是为了生活而不是为了吃，还有，你的乐趣是短暂的，是虚无的，是不能持久的，是很快就会消散的。每一位智者都会以之为耻，都无法与他的志趣相比，因为他最珍爱的是道德。”

帕斯卡对此也同样充满了诗一般的感情：“不用再怜悯我了……对基督徒来说，疾病是再自然不过的状态，之所以如此是因为本应如此，也就是经历痛苦、罹患灾祸，失去所有的享受与感官之乐，没有任何的激情、野心，无私无悔地坚持，等候着死亡的来临。”

但帕斯卡身上所拥有的高卢—罗马传统也促使他作了如下：“过多或过少的葡萄酒都是有害的，一点不给，他可能找不到真理；给得太多，他同样迷失。”

自 17 世纪中叶以后，特别是乌尼格尼图斯谕令（1713 年）颁布后，冉森派在法国的发展势头受到了遏制，纯洁派和新教亦是如此。不可否认这其中存在政治因素，但法国文化中对过于严苛的生活方式的内在抵触也起了很大作用。

不过，冉森派教义的影响根深蒂固，特别是在道德层面的影响很难被根除，每隔一段时期人们就会看到它的反弹。教会在 20 世纪初曾受到共和体制的“迫害”，但它通过捍卫道义的原则挽救了自身的存在。1913 年，在给年轻士兵中的教徒的建议里，我们可以读到以下内容：“你上了饭桌，请敞开胃口吃吧。千万别吃到反胃，因为你还会看到其他的好菜。请相信我，好士兵应当学会像其他人样一样‘正常地吃’餐桌上的东西。我从不认为这些‘嘴上没毛’的年轻人会故作清高，他们会去吃食堂或到城里下馆子……切记吃饭要简单，喝酒要适量。凡是不好酒贪杯，而更喜欢水、奶和水果的人肯定会保持健康，提高其工作能力，并拥有真正的幸福。”

“让我们相信卢梭吧！”第二次世界大战期间教士们都喊着同样的口号。确实，当时的物品供应限制不可能充分满足人们需求，我们应该安慰一下法国人……但总是有各种各样的办法。雅克·佩雷在其《被捕的下士》一书中描写了士兵在战争时期吃到糖面时的快乐，当时他正处在逃跑的路上，身子挂在一列火车车厢下，处境十分危险。这就体现了作者不幸中的乐观主义。一位善良的议事司铎曾有气无力地说：“采取什么方法能让身体更加强健，健康丰富的食品（不要过于讲究）：少许肉、大量的蔬菜和水果。”

某些基督教团体内经常一道享用一顿不太铺张的便饭，席间讨论一些建设性的话题，现在这种方式也流行于天主教和新教团体。很难想象这种便饭中会有什么珍馐美味，因为其中大多数人都是“第三世界主义者”。同时我们还应当研究一下另外一场运动，即肉食品的非罪化，这场运动在20世纪时已经将法国天主教和新教的大多数教派集合起来。弗洛伊德也经历过这一阶段：铺好的床、一无所有的桌子，还有无意识地从肉体移情至菜肴的痛苦。不过，16世纪的法国天主教教义的宗旨却反其道而行之：半掩的柜式床与负罪感（违规反而更令人高兴），装饰一新的桌子与狂欢，彻头彻尾、毫无保留。罗伯特·索泽证明了这一点，文艺复兴时期和当代的法国教士们都自觉自愿地信奉着这样的教义：“作个享乐的诚实者……或许能够补偿其他更大的过失”。

对上帝来说万物皆同，这也是贝尔尼斯枢机主教的信条，他最出名的习惯做法就是在伟大的莫尔索（勃艮第地区，盛产葡萄酒）做弥撒，免得他在众人领圣体时因为无聊向上帝做鬼脸。“蛋糕被偷了还是蛋糕”；“我们节食的时候也可以看菜单”，诸如此类。这也是为什么现在的教士们可以善意地解释天主教关于性欲罪的概念，他们的说法很容易被指责为歇斯底里，其实这种解释源于福音书和古老的传统。

如果我们只考虑贪吃、纵欲和酗酒的话，根据 17 到 18 世纪 11 名法国传教士口头和书面的训诫，这些原罪也只占其中的 4%，奢侈则高达 17.5%，而贪财则为 16.8%，嫉妒和诽谤占到 10. 6%。因此，像法国人常犯的那些错误，要性质极其严重，犯罪者才可能有生命危险。至于“好吃”，这个词就是当时用来指人们对于美食的兴趣，根本就无可指责。在 1600 年，J. 贝内迪克特在其所著的《原罪概述与解救》一书中认为，“好吃之罪除非损及自身及后代，特别是因贪吃而拒不偿债，或已不顾家人死活，否则不构成死罪”。

圣弗朗索瓦·德·萨勒斯认为，应当善待自己的身体，以使灵魂愉悦。他写道，“虔诚的信徒应当吃好，这样做不是为了维持生命，而是为了保持我们之间的相互沟通和彼此的尊重。这种事情是完全正当和伟大的。”可以了解到的是，天主教派驻日内瓦异教地区的大主教十分和蔼可亲，但他与致力于做传教士的加尔文教派的教义要求差着十万八千里。他在法国南部的安纳希小城布道主持封斋仪式后，更愿意收一桶葡萄酒作为酬劳，而不是一百块金路易。可以想象封斋期间的苦行将很快就会被忘诸脑后！这就是圣弗朗索瓦·德·萨勒斯的弟子们的虔诚态度，贝雷市的市民布里亚-萨法兰也是这一派的传人，他在萨勒斯时代的两个世纪后更加细致地分析了有关情况：“很清楚，这种事肯定是要受到谴责的。人们从未被允许从事跳舞、看戏、赌博或其他类似的消遣活动。当这些东西令人感到厌恶时，甚至连那些热衷此道的人也心生厌烦时，美食应运而生了，而且很容易就以神学的面孔深入人心。”

而反宗教改革派如何能够产生出另一派哲学呢？埃玛努埃尔·托德回忆说，她生于一个充满乐观情绪的欧洲，这里长期崇奉着以平等为核心的家庭观念。父亲不能剥夺子女的继承权，如果上帝的子民们遵纪守法，则造物主不能施以惩罚，子民们可以在犯错之后利用他的仁慈，只要在死亡之前的最后一秒进行忏悔即可。自此，即使人们并不知道他死亡的日期和时间，也尽可以不遗余力地充分享受生存的快乐，而不是在流泪谷的泥沼中艰难跋涉。人们可以——甚至应该——通过建筑、雕塑、音乐，当然还有烹饪表达生活的乐趣。庆贺恩赐的富足，怎么做都不为过：刻有小天使的金币滚滚而来，布满祭坛；气势恢弘堪与十二声律的短歌、焰火、彩带、复杂的烹饪菜谱媲美。王侯将相的梦想在此得到了教会的完全祝福。

一本书恐难以统计有关此类事情的所有记载。19 世纪最有说服力的是于 1869 年出版的《风车信笺》一书中所包含的信息。都德的小说开始时并不受人重视，之后取得了巨大的成功，不仅仅是由于其风格，更主要的是其中流露的道德的芬芳，尤其是食品的香气。多姆·巴拉盖尔是特兰科拉日的老爷们雇用的小小的本堂神父，他在圣诞节时做了个次弥撒以忏悔其本能状态下的贪吃之罪：“来两只装了块菰的火鸡，伽利古……快点，快点……今天完事越早，就越能早点上桌……真好吃啊！瞧，这满桌的盛宴，光彩照人。”

都德十分熟悉教义，因此首先将这个小神父打入了“万劫不复的地狱”，给予其致命的折磨，“让他几乎没有忏悔的机会，”然后又将他从地狱中救出并送入炼狱：“快从我眼前走开，你这个邪恶的基督徒！神圣的审判者，我们所有人的主这样告诉他，你犯的错误太严重了，足以抵消你一生修来的德行……啊！你抢走了我一夜的弥撒……好！你将用三百次来偿还。”

这个美丽的故事里没有任何矛盾之处，只不过体现出法国天主教教义中最深层、最常规的部分内容重新得到了重视，这是很令人愉快的。而耶稣会教义则让我们联想起普赖蒙特莱修会的神父想出的办法，他默许戈歇神父喝到酒精中毒，既保住了修道院的收入，也保住了僧侣们的士气，事实上，只要对那种微不足道的小罪责略有包容之心即可，这些小错其实可以带来许多的好处，坏事可以变好事。没有什么思想比这点更符合基督精神了：原先的错误为人类带来了上帝之子的复活！

在 20 世纪上半叶，法国的教士们即便在某些方面属于新冉森教派，其实大多还是倾向于对美食采取温和的态度。堂・保罗・德拉特于 1919 年在影响广泛的索莱斯姆修道院发表了关于圣伯努瓦准则的评论，每每读到这些评论，我们就可以体会出教会神父们所走过的路。他一提到修道院里管理后勤的人，就毫不犹豫地表现出对圣伯努瓦的不满，即使是圣伯努瓦本人也认为有些做法似乎过于苛刻了：“或许在野蛮风俗过于极端的时代，这条建议才有一些特殊的机会在实际中被应用；今天，我们更愿意向修道院建议使用一位懂吃懂喝的管家！尽管，向一个苦行僧或一个生活极其简单、其生活质量完全低于普通和正常水平的僧侣提供美食很可能有一定的危险。”

有两个多明我会的教士相互竞争，比试谁更能体会饮食之乐的最高境界，这种情况发生在一个十分重视修行、多少年来不断谴责其同代人耽于享乐的教会是很令人奇怪的。莫里斯·勒龙神父不无得意地写了一些宣传凡间食物的文章，比如面包、葡萄酒、奶酪和小香肠等等。塞尔日·伯奈神父也同样饶有兴致地为欧里科斯特·德·拉扎尔科再版著作作序。他自称为米涅神父，此人是拉丁文和希腊文教会圣师著作全集的印制者，曾于 1848 年写道：“美食表明了对造物主规定秩序的服从，造物主让我们吃，是为了让我们生活下去，让我们拥有好胃口，又赋予我们味觉，给予我们快感。”塞尔日·伯奈用十分少见的赞美之辞表达了对美食的看法，他写道：“过多地享用美食可能会带来短暂的不安，但不要担心，请注意将耶稣基督钉在十字架上的那 4 颗钉子的含义：它们分别是仇恨、傲慢、诽谤和嫉妒。除了这些令人发指的罪行之外，还有美味的原罪……美食也有水平上的差别，其实这根本算不了什么。贪吃之所以是一种罪过，完全是因为好吃者彻底地屈服于他的消化器官的要求，无法自拔，根本无法保持像别人一样的正常状态。”

这种善意的、基督式的对美食的态度更多地体现在身处乡村的天主教徒（无论是从实践看还是从社会学角度看）身上，直到最近依然是这样，而城里的神父更倾向于接受知识分子的有关政治和社会的思想。科市有一位神父名叫贝尔纳·亚历山大，一辈子都没怎么吃过肥肉，他在《健康之外》杂志上也宣传类似的观点，这多少显得有点苦中作乐，因为他受限于当时的平淡无味，只能向教区的子民们投以充满关爱的湿润的眼神。关于他赴利济厄朝圣的叙述其结尾处令人开怀不已，的确是个精彩片段。有一次他在疗养院多待了几天，一位信仰导师向他展示了一条通向福音的康庄大道："你首先要接受的观点是，治愈痛苦的良药就在于你期望幸福生活的意愿……乐观是一种责任。上帝希望我们幸福，而且越早获得越好。"

对美食加以基督式的最热烈的赞扬无疑来自《身体辩护书》，作者 V. 普塞尔在第二次世界大战期间出版的著作，书中写道："盲目乱吃，不知所吃者为何物，实在是对一桩神圣之事的亵渎，也就是中止了世间一种上升的、能够收获善良品格的人生。它会在身体内长得枝繁叶茂，但不会抵达灵魂拥堵的大道。……饮食中有德行，是一件有远见的事，其中蕴含着很多高贵的意义：既涵盖了生命的源起之地，也包括了生命的终点。这个人生中最主要的信仰几乎可以与智慧同日而语，失去了它则标志着陷入了致命的愚昧之中……（客人）就餐时，一套严格的礼仪可以将兄弟之间和陌生人之间的感情都拉近，以领圣体的方式享用同样的东西后，众人亲如一家。地球上我们的祖先们的血流淌到不同的身体中，最后又汇聚成同质的血液……吃！喝！由此进入到神的意志，修成正果！"

由此可以看出，古代高卢的异教与万物有灵论相近，与基督教一神论也并不相悖，那些从中最受益的大厨们在这些诗句中寻找到厨艺的生命力，而这些很少被评论所发掘。

梳理纷乱的欧洲基督徒对于食物，特别是很讲究的食物的描述和态度并不是一件容易事。我们可以做出一些推断，但难以得出一个明确的和最终的结论。法国的天主教社团、意大利教会都继承了教廷衣钵，从未真正地束缚人类这种追求好吃好喝的“天然”和永恒的取向。而其他地区则受到了新教影响，埃玛努埃尔·托德的理论可以解释美食地理分布的现象。或许还有另外一个因素：北欧地区几乎没有受到过罗马人影响，只是因为通过皈依基督教的过程而继承了罗马的部分文化，特别是烹饪文化。而此事发生的时间并不是很早，如芬兰是从 13 世纪开始的。有些障碍不是决定性的，但需要时间才能超越。

第三章

在餐桌上统驭一切——一种新模式的诞生

法国大餐的产生是有一定社会背景的：它来源于法国社会重视吃喝的传统，得益于宗教伦理并未从根本上反对节日庆典上的大吃大喝，仅是稍加节制，但仅做出这样的解释还是不够的。

比如在意大利，长期以来人们对美食也热爱有加，甚至比在法国还要普遍。但仔细考察，并不存在“一种”统一的意大利餐，而是遍布各地的地方风味。这些菜肴各有不同，或取材于当地物产，或采用进口原料；或烹制讲究，或稍嫌粗糙；或用乡村土法制成，或体现了邻近城市的烹饪风格（如波仑亚菜系、米兰菜系、佛罗伦萨菜系等）。让我们一起品味一下佛罗伦萨菜系中的几道珍馐美味吧：面包房中刚刚出炉的新鲜面包，烤前只需洒上粗盐粒和胡椒；还有禽鸟烤串配以西红柿或煮烂的大豆角，再浇上些绿莹莹的散发着果香的橄榄油。没有什么比这些原汁原味的菜肴，衬以托斯卡纳优美的风光更能勾起人们对美食的遐想了。

人们在欧洲乃至世界各地都能发现这种地方风味模式。它们可能随着农业生产水平的进步、居民经济收入的提高和文化特色的不断加强而变得丰富多彩，但这些可能有悠久历史的地方风味菜肴通常是家庭式的。尽管有时职业大厨们可能会收集一些菜谱，但通常这些蕴含着变化的菜谱都是由母亲传给女儿或儿媳妇的，只有少数几种菜是男人负责烹制的，如烧烤，这可能源于非常古老的、甚至是新石器时代的传统。成千上万的菜肴都是基于地方特产烹制的。西班牙大炒饭、什锦砂锅、蔬菜烧肉、腌酸菜、焖肉、比利时啤酒炖牛肉、穆萨卡（一种肉、奶酪和茄子做的希腊菜）、铁板烧、智利辣椒炒肉、杂碎、炭火烤肉、咖喱饭、生鱼片等。当然烹制菜肴时也不断吸收外来物品，以至有些菜最终替代了最古老的菜式。比如在地中海国家中，人们餐桌上的白菜和蚕豆最终被西红柿和菜豆取代。意大利地方菜堪与法国佩里古地区、奥弗涅地区、诺曼底地区或阿尔萨斯地区的菜媲美。它们都是地方农业物产与城市或道路运输的影响共同作用下的产物。

今天，在斯特拉斯堡卡梅泽尔饭店吃一餐鹅肝、腌酸菜、蒙斯德干酪和果汁冰糕，你就同时享受了从北部纵贯欧洲大陆直至意大利的风土物产：你可领略犹太人养鹅的技术；日耳曼人腌制酸菜的古老传统，品尝征服美洲带来的土豆，孚日地区的山民们除了木材外唯一可以出卖的物品——奶酪，从就着蒙斯德干酪吃的枯茗果子管窥 17 世纪的营养搭配，还可以学习地中海地区保存雪的传统技法（果汁冰糕源于阿拉伯）。说到阿尔萨斯的葡萄酒，这是罗马人给法国西部雷南地区的馈赠。在斯特拉斯堡的教堂脚下吃上一餐让法国“内地人”感觉就是在享受一种源自千年的独立的文化，纯粹的地方文化。然而像在其他地方一样，这是错误的印象！我们的时代需要一种永恒的文化，这种唯一的，不变的价值可以给予我们安全感，成为人们的信仰。这是有充分理由的，很难否定这一点。但应看到，这也妨碍了真正的文化交流，阻碍人们达到更深层次的安全。

城市，佳肴的熔炉

“一统餐桌”这种模式最成功的版本无疑在城市中。使用精挑细选的原料，制作工艺复杂的菜肴只能是在城市中出现。那里有巨大的市场，有钱又有闲的人们和持久的狂欢和享乐的文化传统。除此之外，城市人还多多少少有一些炫耀权力和表达欲望的需要。《费尔的圣诞节》一书的作者在16世纪就写道：“在城市里，人们吃、穿、玩乐都极尽奢华”。独立的小业主们、富裕的商人、法律界人士、城市的统治者和其他各阶层定期领取丰厚薪金的市民对美食的追求，只要这种追求在道德允许范围内的，都极大地促进了美食的发展。

这种和城市化进程一样悠久的现象，在许多城市都可得到印证，如在古巴比伦，在德比，在罗马，在卡塔赫纳①，在拜占庭，在格拉纳达②，在墨西哥城，在北京，在京都，处处如此。在罗马帝国宫廷，在意大利南部度假胜地，宴会菜肴都极尽精美。尽管有限制奢华的法律存在，却从没有人批评这是堕落或招摇。13世纪的中国南宋都城——今天的杭州城，正处在忽必烈汗入侵前夕，那里处处可寻佳肴美食，马可·波罗对此进行的描述曾令多少人神往。那里的

① 西班牙城市。——译者注
② 西班牙城市。——译者注

一切似乎都发生在饭桌上，就连哲学家和历史学家的演讲也不例外，米歇尔·弗里曼这样评说这座城市：“时光与回忆都打下了美馔的印记”。

中世纪时欧洲的大城市，无论是由大公统治还是享有较为独立的地位，都为美食的发展提供了空间。只要气候允许，城市周边都盛产名酒。佛罗伦萨、威尼斯、热那亚、布鲁日和其他几个大城市较为突出，可能是因为美食家们，主要是些城市平民，定居在这些城市中，而欧洲其他地方的贵族们还过着半游牧的生活。

在法国，除巴黎外，最负盛名的美食中心就是里昂。集市、手工业主和丝绸厂主带动了城市周边高质量产品的生产和与之相对应的菜式的产生。人们对饭菜总是不厌其精，这种现象至少可以追溯到16世纪。

埃拉斯姆曾写道：“只有在里昂的饭店里，人们才能受到比在家还好的接待。老板娘先来向你问好，祝你心情好，愿你喜欢即将端给你的饭菜。那菜品确实丰盛，而价格之低却让我惊讶。”

生活在王国时代的贝尔舒也盛赞里昂的美食：

> 想要在我教授的艺术领域取得成功?
> 到奥弗涅、布莱斯或左近的风景如画的地方，
> 拥有一座漂亮城堡吧。
> 那里，你看到两条河流穿里昂而过，
> 似爱人欲相拥相吻。
> 那里，你将尽享餐桌之乐。

布里亚·萨法兰是布热人，而布热是里昂城的附属领地。他深

入探究道："里昂是美食之城，它的地理位置使它可以便利地同时获得许多产品：波尔多、埃尔米塔日或勃艮地的美酒，里昂周围山区的野味异常鲜美，日内瓦湖或布尔热湖中的鱼是世界上最好的，布莱斯的小肥鸡让人痴迷，而里昂恰恰是其集散地。"

这句话刚好清楚地勾勒了里昂城作为美食中心的角色：它将附近乡村中的美味吸引过来，哪怕价格再昂贵也能在城里的集市上找到买主。比如，里昂鱼肠就需要用冬布池塘里的白斑狗鱼制作，配以下多芬地区产的软粒小麦制成的软面包，南杜阿调料酱，布热的螯虾，布雷斯产的奶油，马贡或蒙大涅产的白葡萄酒。

如今，四分之三个世纪已经过去，人们的餐桌依然丰盛如昔。保尔·德古塞尔和塞克斯特·德罗姆更是毫不怀疑波库斯和夏拜尔饭店能得到地球上最好的物产，其吸引力辐射到方圆百公里内。

"数量巨大、品种丰富的货物经水路或铁路运到里昂城……有勃艮第的葡萄酒……马贡的葡萄酒，博若莱酒，罗讷河谷地区的酒，这些都是最醇厚的美酒；还有肥美的禽类和长有粉红的吻、摇摆着尾巴的野猪，那些肉品店就是凭借这些物产而闻名；还有葡萄园中的莺鸟，桑树丛中的雪鹀，瓦尔本的鹌鹑，布雷斯森林中的山鹬以及多菲内——阿尔卑斯的岩羚羊，阿尔巴林河的鳟鱼，莱蒙湖的白鲑；当然少不了圣安东尼河堤市场里成堆的优质水果和多尔山，杰克斯，萨森纳日和圣玛斯兰的奶酪。"

从奶酪的地域变迁可以很清楚地看出城市所扮演的角色。人们常说一年有多少天，就有多少种奶酪，而实际上奶酪的品种要多得多。但很长一段时间，大部分奶酪都是在农村消费，而且受严格的地域限制。克洛德·图沃诺在写到洛林地区时曾说，奶酪“在日常生活中太家常了，以至于人们为能不能将它摆上宴会桌而犹豫不决”。这种迟疑甚至反映在官方场合，在戴高乐将军入主爱丽舍宫期间，奶酪就没有上过正式宴会，尽管它以前曾出现在官方宴席上。情况也不尽是如此。在古希腊、古罗马时期，即从 12 世纪起，某些品种的奶酪深受贵族及城市资产阶级喜爱，行销各地，到处都能卖到好价钱。奶酪品种多样，产地极多，像在葡萄酒的发展中所起的作用一样，城市成了汇集地，而同样像葡萄酒一样，修道院则在优质奶酪的产生发展中功不可没。这样，在 14 世纪，第埃拉克的马洛伊修道院的奶酪就已经在弗拉芒地区的城市、在香波努瓦兹市、在巴黎售卖了。从中世纪起，孚日山的杰罗姆奶酪及布里奶酪、罗克福尔奶酪、贡德奶酪渐渐从默默无闻到闻名遐迩了。随着制作技艺不断完善，奶酪的口味可能发生了很大的改变，但它们的性状，即鲜奶酪、软奶酪或是硬奶酪在中世纪时就已经确定下来了。这是由“冯·图南原则”决定的，意即由距离市场远近决定。那些易变质的、不易运输的奶酪产自城市郊区，而硬奶酪、压实（生熟均可）或带绿色霉点的则产自牧区，一般是远离城市的高山地区。奶酪的大小也一样，它与市场的远近成比例，离消费地越近，个头越小，越远则越大。当然布里奶酪是著名的特例。大多数山区产的奶酪，无论是在高山牧场还是在夏季牧场生产的，都要等到秋季畜群回到谷地后售卖。在夏季，领主的畜群或全村牲畜产的奶每天都集中在一起，就像汝拉地区的果农们至今仍然遵循的传统一样。由于需处理的奶量较大，也为了方便贮藏，奶酪就被做成大个的。

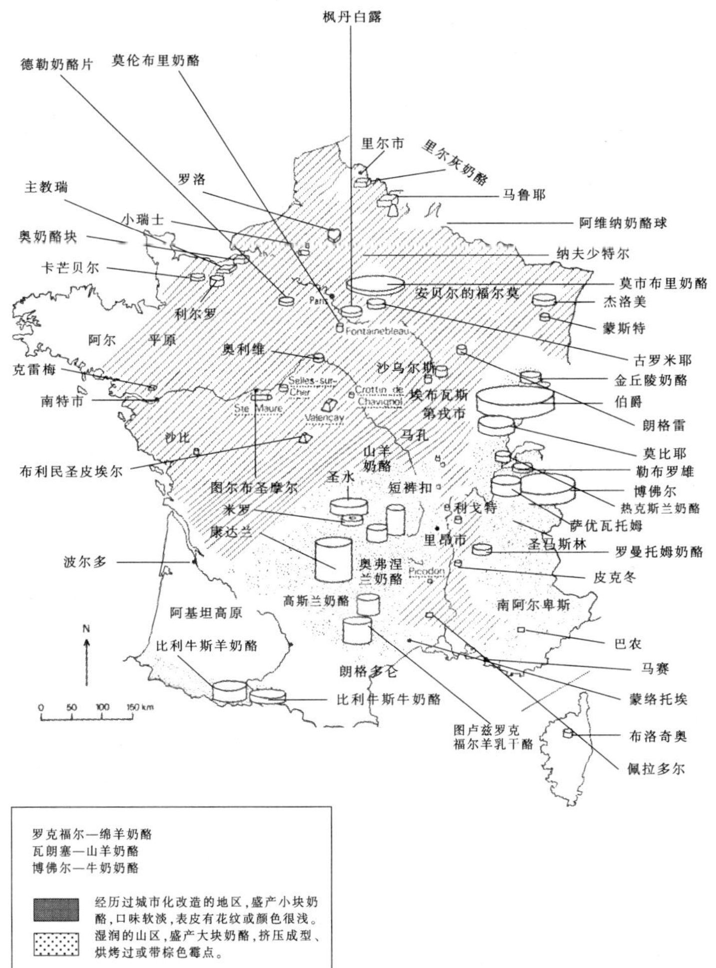

枫丹白露
德勒奶酪片
莫伦布里奶酪
里尔市
里尔灰奶酪
罗洛
马鲁耶
主教瑞
小瑞士
阿维纳奶酪球
奥奶酪块
纳夫少特尔
卡芒贝尔
莫市布里奶酪
安贝尔的福尔莫
Paris
杰洛美
利尔罗
蒙斯特
Fontainebleau
阿尔
平原
古罗米耶
奥利维
克雷梅
沙乌尔斯
金丘陵奶酪
Selles-sur-Cher
Crottin de Chavignol
埃布瓦斯
伯爵
南特市
Ste Maure
Valençay
第戎市
朗格雷
马孔
沙比
莫比耶
山羊奶酪
勒布罗雄
布利民圣皮埃尔
图尔布圣摩尔
圣水
短裤扣
博佛尔
利戈特
热克斯兰奶酪
米罗
萨优瓦托姆
康达兰
里昂市
圣马斯林
罗曼托姆奶酪
波尔多
奥弗涅兰奶酪
Picodon
皮克冬
高斯兰奶酪
南阿尔卑斯
阿基坦高原
N
巴农
比利牛斯羊奶酪
马赛
朗格多仑
蒙络托埃
0 50 100 150 km
比利牛斯牛奶酪
图卢兹罗克福尔羊乳干酪
布洛奇奥
佩拉多尔
罗克福尔—绵羊奶酪
瓦朗塞—山羊奶酪
博佛尔—牛奶奶酪
经历过城市化改造的地区，盛产小块奶酪，口味软淡，表皮有花纹或颜色很浅。
湿润的山区，盛产大块奶酪，挤压成型、烘烤过或带棕色霉点。

18世纪奥弗涅奶酪的例子十分典型地体现了城市和交通运输手段在提高食品质量上所起的作用。由于品质平庸，一直到18世纪，奥弗涅奶酪在巴黎还并不为人所知，只有普罗旺斯省和朗格多克省的人们会购买它们。奥里亚克的总督代理人1765年曾这样写道："如果从奥里亚克经莫斯到菲亚克的大路能够修好的话，生产者就会将奶酪送到勒盖茨、图卢兹和波尔多销售了。"由于没有通畅的道路，人们只能提高产品的质量。既然罗克福尔这种羊乳奶酪能够卖到巴黎、罗马，为什么富姆这种圆柱形干奶酪不行呢？许多总督及总督代理人都将推广富姆奶酪视为已任。1733年，奥弗涅省总督特鲁丹雇用了一家荷兰放牛人并将他们派给了其在莫里亚克的代理人。他在写给其代理人的写中说："我只要求你向这家荷兰人提供他们按其家乡方法制作奶酪所需的一切物品……并使他们能够定居下来。"但可惜的是这家荷兰人并未取得成功，几个月后他们就离开了。特鲁丹于是试图吸引瑞士人。人们按瑞士人的想法建造了一个奶酪作坊，作坊中央竖起了一口铜锅。奥里亚克的总督代理人1734年写道："瑞士人干得非常棒，奶酪从形状到发酵程度上都可与格里耶奶酪媲美了。"但在当地，人们对这些到处指手画脚的外乡人并不友好。几次不愉快的事件后，瑞士人于1739年返乡了。但不管怎样，这几次尝试还是取得了成果。19世纪初，奥弗涅奶酪终于卖到了法国北部，其中康塔尔省产的奶酪品质尤其出众，它不会像左拉在《巴黎之腹》中描写的奶酪那样，天气一热就散发出熏人的臭气。

还有一个例子可以证明，城里的美食家们是如何通过厨师这个

“超灵敏鼻子”对农夫提出了更高的要求，以贯彻其美食法则。《埃斯考菲尔回忆录》中一针见血地指出，法国是个天然的乐土。回忆录中的这一段值得全文摘录：

“当年迈的罗斯希尔得男爵来蒙特卡罗大饭店进晚餐时，他只点绿色的芦笋。为了满足他，我们就挑选芦笋尖粗的给他。我还发现，从萨瓦省到伦敦，英国人都更爱吃绿色的芦笋而不是白色的那种。我就让人从法国运来粗尖的绿色芦笋。人们的需要果真非常旺盛，需求大大超过了供给，价格也一天天上涨，甚至已涨了一倍。供货商越来越苛刻，为了止住价格的上涨，我开始寻找其他供货者。一个星期天早晨，我去了沃克卢兹省罗里斯市郊一个村庄里的美林朵咖啡馆，会见了那里的几个主要的芦笋种植户。我跟他们说：‘先生们，你们种的芦笋非常漂亮。但你们付出很多劳动，所得却不成比例。我是伦敦一家大饭店的膳食总监。英国人更喜欢绿色的芦笋。你们对种植这种芦笋不感兴趣吗？我向你们保证会有丰厚回报的。’这些勇敢的人都有些意外，他们回答我说种绿色芦笋就要改变他们的耕作体系，而他们却看不出有这个必要。这时，一个二十多岁的年轻人站出来说：‘为什么不试试呢？我们的粗芦笋边上还种了一部分细芦笋，这些细芦笋卖价很低。我们可以停种这种芦笋，用空出的地种绿色的。’所有人都明白这个主意非常好，从这一天起，罗里斯市就开始种植向英国出口的绿色芦笋了！这一成功远远超出我的预见。过去的白色粗芦笋被绿色芦笋取代，伦敦人从此只认罗里斯芦笋了，我得说我从没从芦笋种植者那里得到哪怕是一把芦笋的好处，但我的建议肯定使一些人发了财。”

口腹之娱尽在巴黎

这一优美的诗句出自弗朗索瓦·维龙所写的巴黎儿歌。它经常被曲解，而其意用在美食家身上倒并不是毫无道理的，因为巴黎自古就一直以美食闻名。了解这一点的原因非常重要，因为法国美食首先就是巴黎美食。

在中世纪和文艺复兴时代，像在一切货币流通十分发达的重要城市一样，美食在巴黎迅速发展起来。两本 14 世纪的书籍见证了巴黎饮食文化在这个时期达到了相当的高度。这两本书一本流传于宫廷，一本流传于城市平民中：《肉食大全》，是献给纪尧姆·提雷尔的，即查理六世的首席大臣塔耶旺，前前后后写了一个世纪；《巴黎家政大全》则是 1392 年一个年老的丈夫写给其年轻妻子的，主要为了教授她一些为妻之道。那时，巴黎菜较之意大利菜、伦敦菜、第戎菜及布鲁日菜已经毫不逊色了。盛大场合上的宴席上，已经有大量的热菜、富有特色的肉制品（或是野味，或是家畜），当然是配有一些酸味的调料或是用无数的香料调制而成，很多香料已经从我们今天的餐桌上消失了。这些肉制品除了比卫生条件很差的作坊制作的腌肉更加耐贮存、易消化外，其最大的特点是使用了很多调料，这些调料的使用正是权力和财富的象征。

一段 16 世纪（1577 年）的简短却很有说服力的文字描述了巴黎从大人物到平民百姓的餐饮情况。这段文字之所以可信并具有典型意义，是因为它的作者既非来自乡村或小城市，也不是来自“蛮荒之地”。他是一个意大利人，而且不是个普通的意大利人，他是尊贵的威尼斯共和国派驻法国的大使——杰罗姆·利波玛诺先生。他的惊奇使我们觉得巴黎是个些许出众的城市，它可能很久以前就已经是这样了（但我们无法证实这点）。

“猪肉是穷人，真正的穷人的日常食物。所有的工人、小贩，无论多么清贫，总是想尽办法在封斋前四天吃肉的日子里能和富人一样吃上羊肉、麈子或是山鹑，在斋戒日吃上三文鱼、鳕鱼或是盐浸鲱鱼，这些鱼是从荷兰或一些岛屿大量运来的。巴黎的商店总是货物充足。人们也食用鲜黄油或是奶制品。蔬菜品种丰富、数量很多，特别是白豆角和绿豆角……只要你能想到的，巴黎都应有尽有。世界各国的货物都汇集在这里：生活用品通过塞纳河水运，从庇卡底、奥弗涅、勃艮第、香槟省和诺曼底源源不断地运到。这样，尽管巴黎人口众多，但并不存在匮乏现象：一切就像是从天上掉下来的。但是说实话，食品的价格确实贵了些，既然法国人只舍得为吃、为制作美食花钱，这似也无不可。在巴黎有那么多的厨师、肉贩子、烤肉馆老板、零售贩子、甜品店老板、小酒馆老板和饭店老板，即使是一条很不起眼的巷子里也会有他们的存在。如果你正为此感到困惑不解，那么以上便是答案了。你想买点野味或家畜肉吗？那么在市场上你随时随地都可以买到。你想买到现成的食品吗，无论生的或熟的，烤肉商和甜品店老板在一小时内就可以为你备好一顿 10 人的、20 人甚至上百人的晚宴，烤肉店老板为你提供肉食，甜品店老板为你提供肉糜、馅饼、头盘和饭后甜点；厨师为你做好肉冻、调料酱和浓味蔬菜炖肉块。餐饮业当时在巴黎已经非常发达，你可以在小酒馆里吃到各种价位的菜，从 1 个退斯通（法国路易十二时的银币名）到 1 个埃居、4

个埃居、10 个埃居甚至 20 个埃居不等。如果是 20 埃居一人的话，我想人家会为你端出玛那（译者注：圣经中天上掉下的食物）做的浓汤或是烤凤凰肉，总之一切天下最珍贵的东西。亲王和国王有时也会光顾那里。”

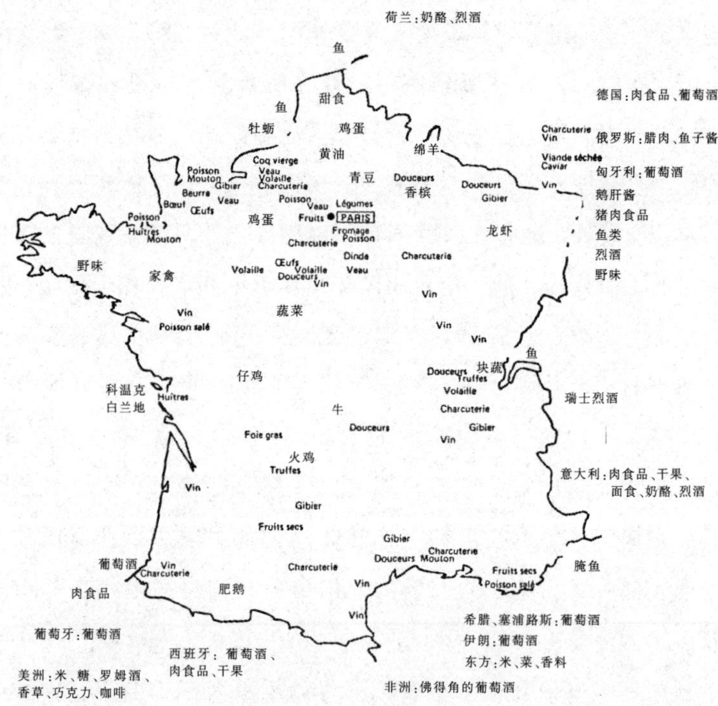

供求规律已经在餐饮业中充分起作用了。那些饕餮之徒时常会下趟馆子，国王也是如此。巴黎与法国北部的联系非常紧密，事实上这一网络一直不停地伸展，正如它美食之都的美名一直在欧洲传播，直到今天仍在发扬光大一样。今天一些最好的比利时餐馆、德国或瑞士餐馆仍然从兰吉斯①采买物品。

在仔细研究至关重要的 16 世纪情况前，我们先说说 19 世纪初吧。在美食这一领域，18 世纪 90 年代并没有什么可圈可点之处。欧洲各地最好的产品照样汇集到巴黎。格里莫·德拉雷尼埃写道：

“巴黎无可争议地成为美食之城，而且是唯一可以向所有文明国家提供厨师的地方。尽管巴黎并无任何物产，这里不产一粒麦，不养一头羊，不长一棵花菜，但世界各地的优质产品都云集此地。因为此地的人们懂得欣赏一切可做成美食的产品，也懂得如何按我们的口味将这些产品烹制成人间美味。”

他看到巴黎中央市场里的水果时还兴奋地写道：

“在这里一月份可以买到草莓，四月复活节时可以买到葡萄，全年都供应菠萝。为了给现代的鲁古鲁斯饭店添一道美味甜点，太阳运行颠倒，四季更替打乱，南北半球差别不再。”

即使是对里昂充满景仰的布里亚·萨法兰也赞道：“巴黎的菜肴是全球的，世界各地的人们都可以在巴黎菜中找到些自己菜的影子。”鲍罗斯先生谈到当时巴黎的美味时充满喜悦：“餐桌上的菜品或是珍稀，或是时鲜，总能将该季节的精华展现得淋漓尽致。”格里

① 巴黎郊区的大批发市场。——译者注

莫和布里亚·萨法兰都详尽描写了巴黎的菜品使用全国乃至国际的原料的情况（见图2）。竖琴街勒布朗饭店的火腿肉泥十分美味，是巴黎特产。制作这种肉泥需要每年四月从巴约纳买进1 800根火腿作为原料。格里莫也描述了每年二月邮件马车从外地向巴黎运送块菰腌火鸡的情形："每份邮件都弥漫着鲜香。"可以收到从贝里格送到的带着块菰香气的情书，这是多么美好的一段时光啊！

1846年，欧也尼·布里弗比他的前辈们更加抒情地写道：

"当巴黎到了进餐时间，整个大地都为之激动。世界各地的物产云集于此：地面生的，海里游的，天上飞的，无所不包。所有产品奔跑着，推挤着，争先恐后，只是为了能让巴黎人看上一眼，抚摸一下，在其齿间舌底滑过。巴黎的晚餐是全法国的一件盛事。平原、丘陵、高山和峡谷，森林、灌木丛、葡萄园和休耕田，菜地和果园，大地和水体都乐于为这顿盛宴提供产品，或丰饶，或珍奇，只是为了取悦这一美食之城。这城市的喜吃使它们高兴和满足。"

拿破仑时的宫廷总管古希侯爵也有同感："吃遍世界各地，还是巴黎平民小馆的餐饭最好。"这一观点与其他人的一样失于主观。它的意义在于说此话的人无论是社会地位还是职业都在宫廷，而其推崇的却是巴黎城市小民家的饭菜。

君主的专利

我们要阐述的最后一点是一说就明的：巴黎，扩大点说全法国赢得美食中心的殊荣离不开国王及整个宫廷的大力推动。如同在建筑领域或在时装艺术领域一样，对美食的推动开始于意大利战争时期，即瓦卢人统治时期，特别是在弗朗索瓦一世和亨利二世统治时期，美食得到了大发展。法国大革命前的三个世纪里，法国宫廷成了美食的熔炉。

在意大利，虽然文化背景也非常利于美食的发展，但政治上的分裂却起到了掣肘的作用。在另一个很早就实行集权制度的欧洲大国——英国，情况又不相同。在国家统治阶级皈依新教，成为清教徒前，封建贵族在其领地上是相对独立的。美食在城市中根本没有发展的土壤。斯蒂芬·芒耐尔的分析排除了宗教和道德的影响，而着重强调政治和社会因素：

“较之一直到旧制度结束前都拼命追求奢靡和美食的法国的廷臣，英国的精英阶层就较少屈服于社会力量……在法国，宫廷阶层组成一个等级分明的集团，努力保有自己的特权和生活方式，而圈外的富人想尽办法模仿贵族的饮食和时装，以进入到这一集团中。”

法国宫廷菜肴不仅与法国社会精英阶层的存在有关，而且和王室、君主联盟、王公贵胄的个性以及他们经常到国外旅行有关。意大利在文学、音乐、造型艺术和风景画方面对法国的影响极其深远。在烹饪方面，至少在餐桌艺术方面，其影响也是根本性的。意大利文化被引进了日益鼎盛的法国宫廷，在还未知饮食之精美的法国这片沃土上生根发芽，呈现出比意大利小城邦还要丰富的多样性。当然，这里还应指出，在整个中世纪，无论在王宫中，还是在领主的城堡中，饮食文化在法国内部都取得了很大的发展，而在领主的城堡中，它的发展似乎更加辉煌：比如查理五世的兄弟，白里公爵的奢华排场，比如远一点说的第戎的勃艮地公爵，近一些的佛兰德尔公爵。他们都懂得了吃饭实际上是一种统治和施加政治影响的方式。1495年胜利者、骄傲的查理八世回到意大利标志着一个新的阶段的开始。整个16世纪，法国都在经历着饮食文化的转变，这种转变得益于想象的发展，也得益于大人物们到处旅行产生的影响。一些贵族到意大利旅行，也有一些意大利人到法国定居，比如两位意大利美第奇家族的公主到了法国成了王后，甚至摄政王后（她们是亨利二世的妻子卡特琳娜公主和亨利四世的妻子玛莉公主)。

人们常说法国饮食是在美第奇家族和意大利的直接影响下取得了突飞猛进的发展。让-弗朗索瓦·雷维尔，让-路易·弗朗德兰和其他很多历史学家都指出这是错误的。在16世纪和17世纪的大部分时间里，法国宫廷饮食和意大利饮食一样，还停留在落后的中世纪。有一个典型的例子：在1549年，巴黎城为美第奇家族的卡特琳娜公主举行的宴会上，人们吃了30只孔雀、21只天鹅。中世纪，人们为取悦权贵、勇敢的骑士时都会在餐桌上呈上这样的禽鸟。以后，它们才慢慢从餐桌上消失。

当然，法国菜的不断演化也受到了外来的影响。比如，法国从美洲大陆逐渐引进了一些蔬菜（豆子、西红柿或叫爱情果、玉米、菊芋等)，特别是引进了一些当时在意大利已经非常大众化而在法国还显得非常稀有的蔬菜和水果：芦笋、朝鲜蓟、樱桃、草莓、杏、橙子和甜瓜。引进这些物产取得了巨大的成功。一些从意大利厨师那里学到的烹饪方法在法国完善起来，如制作馅饼和甜品，特别是甜品：水果馅饼、果酱、糖渍水果和果仁糖。值得仔细研究的是，在那不勒斯的安茹宫廷中，瓦卢人竭尽创造力，将阿拉伯文化与意大利和法国的传统融合起来。除此之外，在肉食烹饪和调味汁制作方面，法国菜并没有根本的变化。

相反，在意大利精致生活的影响下，餐桌礼仪起了翻天覆地的变化。意大利的餐桌礼仪历史悠久，13 世纪时伦巴第的社交活动已经十分高雅，从本佛森·德拉里瓦的著作中已经可以看出，他推荐的 50 条礼仪中的第 25 条是这样的：

“接下来是：与妇女共用一碟菜时男士要为妇女切肉。男士要表现得非常专注、殷勤、彬彬有礼，而害羞的女士则不必如此。”

有人说，妇女出现在餐桌上是法国菜细致美味的原因之一。可以肯定的是，男女同桌消除了警卫队在餐桌上的一些粗野行为——尽管这一现象直到 16 世纪末才彻底改变，使宾客更加讲究洁净，言谈举止更加文明，时间长了也许真的渐渐地对饮食产生了影响。但这不是法国文艺复兴时期特有的，在中世纪贵族和富裕人家中，男人和女人都是同桌吃饭，而且是交错坐着的——许多描写宴席场面的绘画都可证明这一点。只有在农民家中男女才严格地分开，在某些地区直到不久以前还保留着这一习俗。但人们也注意到在十分注重美食的 18 世纪的上层社会中，尽管人们喜欢在餐桌上有妇女为伴，但妇女上桌并不是绝对的规律。在让-弗朗索瓦·德特罗瓦著名的油画《吃牡蛎的午餐》中就没有女人出现。只是在兰可雷的一幅画《火腿午餐》中出现了一位微醉的、衣冠有些不整的女人。而且，有些以食品精美闻名世界的国度，如摩洛哥和日本，在很长时间里，男人都不与女人同桌共食，有些甚至不与女人在一间屋子中吃饭。在摩洛哥，这种现象更为普遍，在日本的婚礼上这一现象也很常见。

文艺复兴时期对法国生活方式影响最大的意大利著作是巴多罗美奥·萨奇（也叫普拉蒂尼·德克雷莫纳）撰写的，书名很动听，叫《彬彬有礼的娱乐和健康》，是1474年出版的，首次传到法国是1505年在里昂。这本书重新整理、发展并系统阐述了中世纪的传统的生活艺术，这种艺术虽早已存在，但即使在上流社会也并不总被遵守。

在查理五世1539年12月出访时予以高度评价并被引进瓦卢王宫的各种礼仪物项中，有豪华的衣物，有比中世纪好战的音乐更加柔和的宴会音乐——诗琴（一种16至18世纪盛行欧洲的乐器）和小号代替了军号，更利于交谈，这些都非常高贵，有利于留住客人。弗朗索瓦一世在1536年订购了第一批餐盘。亨利三世则推广了叉子的使用，《两性人岛》（1605年出版的小说，以亨利三世时期为背景）中的来客肯定会公开地嘲笑说，人们怎么能用这物件吃豌豆呢？姆拉诺的玻璃器皿取代了金属杯，鉴赏葡萄酒的颜色变得更加容易。1549年6月19日在巴黎主教府为卡特琳娜·美第奇举办的宴会上，洗手水散发着香气，餐巾折叠得非常考究，也喷洒过香精，餐桌上有鲜花点缀。人们也不像过去那样经常从窗户中将盘子掷出，或是将菜扣到其他客人头上。君主们——比如查理九世——有时仍会做点出格的事情。根据新的标准，为了做好“陛下”，与还没有接受时髦生活方式的年轻领主或是和那些在宴会接近尾声时喝得忘了礼数的人们在一起时，国王就不能不显出绅士的风度。很难想象路易十四试图灌醉王后的女伴的样子，亨利四世更是将她们的水换成了白葡萄酒！在他之后，再没有人开这种玩笑了。

路易十四——美食的推动者

我们曾经说过，此后大家也都同意的一个观点，即法国贵族的饮食直到17世纪时还与其他欧洲国家一样，停留在中世纪，最多带有了意大利文化的印迹。然而随着法国政治和文化影响在欧洲越来越大，法国君主在欧洲的地位日益强大，法国饮食也取得了很大的发展，逐渐形成了自己的特色。饮食的特色可以与建筑、绘画、雕塑、音乐或园林艺术的个性特征结合起来。概括说来，我们可以把路易十四1666年派贝尔南出使意大利与1651年《弗朗索瓦大厨》一书的出版联系起来看。从此，法国饮食摆脱了意大利的影响而自成体系。法国文化从此构成了欧洲文化中浓墨重彩的一笔；特别在美食方面，直到今日，人们谈到欧洲菜时仍不能不提法国菜。

今天很难找到16世纪末到17世纪前半叶这段时间里有关餐饮技术的文献，因为在这段时间里人们只是重版了一些前人的著作，却没有出版过一本新的菜谱。据此推断这一时期人们基本遵循着前人的菜谱，很少创新，以至于不敢刊印新的菜谱。无论哪种学科，出书都需要经过长期的工作，无数的试验和大量事先的讨论。更何况菜谱通常是规范甚至是专断的，其用词经常是“取出……做……加上……重要的是……”诸如此类命令的语气。再加上所有介绍实用技术的书籍都要简单明了，而菜谱更简明到用漫画来表达的地步，它需要作者要有绝对的自信。这一假设就可以解释从 16 世纪初到 17 世纪中期餐饮方面的书籍为什么少之又少了。

从路易十四时起，波旁家族开始统治法国。这些贝亚恩人喜欢在安安静静的环境里吃些简单而味浓的饮食，如大蒜，但他们也没有忽视举行排场气派的宴会以确立他们的权威，当需要显示身份的时候，他们也会举办豪华的公开宴请。路易十八在童年时期享用了丰富而多样的饮食。他的御医埃罗阿曾在日记中揭示，路易十八喜欢吃可能搞到的各种肉，特别是动物内脏，如禽类的下水——人们传说的亨利四世的炖鸡并不是子虚乌有的事。路易十八吃过 22 种鱼，还不算贝壳和虾、蟹等带壳的动物；28 种水果，包括柑橘、石榴，当然也少不了甜瓜；他吃的蔬菜更是不计其数，他特别偏爱芦笋，春天应季时每天都要吃。但成年后，他寡言少语的性格和虚弱的身体使他还不如他的严厉首相黎世留那样追求佳肴美味。

路易十八的儿子却截然不同，他的饕餮之名在法国妇孺皆知，小学生们可以在历史课本里学到。许多法国国王是酷爱享乐的，有些甚至以暴饮暴食出名——比如胖子路易十六，但路易十四是唯一一个使饕餮与其统治史紧密相连的。令人遗憾的是最近出版的一些著作都对这位君主如此鲜明的特性遮遮掩掩。他们本可以好好分析一下这位人君对美食、美色、欢娱和太阳王的疆土的无餍追求……凡尔赛的烹饪充分表现出该城堡和花园的万千气象，也体现了太阳王对法国的宏伟设想：像黄油一样灿烂，同时又充满着学术和经典的内涵，还有语言、绘画、雕塑、建筑、城建和音乐等等。它们共同拱卫着沃邦的边疆。

从孩童时起，路易十四就是个好吃的人，他很快就成为了经验丰富的食客。他在整个统治期间表现出了旺盛的精力，保有这种精力需要吃大量的食物，而他对法兰西的权威则要求他的食物精致而有新意。普罗斯贝·蒙大涅优雅地写道：

“如果说国王直到高龄之年仍能有旺盛的力量过着奢靡的生活，胜任所有的工作——包括谈情说爱的话，这应得益于他的好胃口，总能在需要的时候使他及时补充能量。”

他援引圣西蒙所言来来印证此点。圣西蒙曾多次描绘过路易十四独自进餐，或更多地在公众场合进餐的举止，那可是需要经受过长期教育的结果：

“在他的一生中从来不缺好胃口。有时因为一些原因晚餐开晚了，他既不觉得饿也没有吃饭的需要。但当第一勺浓汤进嘴后，他总会胃口大开。无论早上、晚上，他总是吃得丰盛而充实，他的饭量无论何时都很大，有很多人看不习惯。”

他的弟媳普拉迪妮女士，在凡尔赛宫里同样以能吃著称，惊奇地写道：

“我目睹国王吃掉四盘不同的汤，一整只雉鸡，一只山鹑，满满一大盘的沙拉，一些蒜汁切羊肉，两大块火腿，一满盘点心、水果和果酱。”

路易十四对美食的热爱还体现在他雇用了农学家让·德拉甘迪尼管理凡尔赛宫的菜园。法国最漂亮的水果和蔬菜都从这里走上王宫的餐桌：其中有柑橘宫的橘子和沙斯拉白葡萄。新的品种被选育，最引人注目的是无论在法国还是在国外，大量新的技术被用作培育新的植物品种。

国王的饮食毋庸置疑地在政治上有重要意义。实际上，他通常是独自进食，但当他在公众面前独自进餐，这时的进餐仪式已演变成了真正的对国王的崇拜礼仪。这种仪式是由 300 多名绅士、大厨和仆役参加的，目睹这一情景的还有凡尔赛宫的参观者，只要佩戴一把剑就可进入宫内，而这把剑可以租用。公众站在栏杆后面，国王给予优待的廷臣可以坐在凳子上，这是陛下的特别恩宠，他有时会与臣下亲切交谈几句。

正是在路易十四统治时期，产生了新的“法式”大菜。我们已经说过，已经有一个多世纪的时间没有出版过一本新的菜谱了。在 1651 年，于克塞尔侯爵的厨师弗朗索瓦·皮埃尔，也叫拉瓦雷，出版了《弗朗索瓦大厨》一书。这是一套包括 12 个专题，再版 75 次的第一本，这套书共印刷了 100 000 册，最后一本书，即弗朗塞·马西阿罗的著名的《皇家和城市平民的饮食》出版时已是 1691 年了。这套书中，有皮埃尔·德鲁纳的《弗朗索瓦的甜品》、《乡土美食》、《大厨》，有《弗朗索瓦的果酱》，还有最重要的著作之一，也是拉瓦雷颇受争议，被认为是过时的作品，1674 年由 L. S. R. 出版的《妙厨艺术》。这种大规模地出书可以与建筑和语法领域的出书活动媲美：路易十四统治时期是法国文化模式自成体系并向外传播的时期。这种文化并不只针对精英阶层和他们的厨师，而是涉及每个人。《弗朗索瓦大厨》从 1660 年起在特卢瓦的蓝色图书馆或在鲁昂被无数次重印，其中有非常便宜的大众版本。通过商贩的兜售，餐饮业（饭店、甜点店和外卖点等）接触到这本书，同时一些城市小民也看到了它。让-路易·弗兰德林，菲利浦和玛丽·希曼说：“城市或乡村平民家的男女主人都从这本书中学习制作节日盛宴的菜谱。”当然，一些老习惯，特别是土法并不可能随着时髦方式的流行而一下子消失。但这是另一个问题了，我们以后还会写道。

那么这些书中的菜谱都有些什么变化呢？首先，一直以来，东方的香料作为权力、财富和贵族地位的象征，在中世纪时一直被过分使用。现在，人们逐渐减少了这些香料的使用，而代之以法国自产的提香物品，如分葱、葱、鳀鱼等。比其他调味品都要高级的是黑色的块菰，它逐渐成为大餐和奢华的象征。

过去少油且以酸味为主的调味汁变得多脂，且使用了黄油。以前只有1%的菜谱里使用了黄油，而达意王的书中更没有一种调味汁使用黄油。在《妙厨艺术》（1674年）一书中，55%的菜和80%的调味汁加入了黄油。中世纪时非常流行的绿色调味汁中有面包、香芹、生姜、酸葡萄汁和醋。而17世纪流行的白色调味汁中则只加入了少量的醋和香辛料，并大量使用了黄油。这是法国北部相对于南部的胜利，是卡佩家族的胜利，是养牛户和奶制品加工的胜利。举例来说，《弗朗索瓦大厨》中有一个做芦笋甜汁的菜谱，从某种角度看已经有些过时：

“选择粗大的芦笋，去掉根部，清洗干净，放入水中，多加些盐焯一下，不要煮得太老。焯熟后取出，沥干水分。将新鲜黄油、少量醋、盐、肉豆蔻和一个鸡蛋黄搅拌成调味汁，小心不要让汁水变酸、变质，上桌时在盘边加上饰边即可。”

这一制作芦笋的菜谱与荷兰毫无关系，而是地道的法国式。今天在一些菜谱中还能找到，或至少在前些年的菜谱中还有，那时还没有流行现在的“黄油恐惧症”。加入黄油直到20世纪70年代仍是法国大菜的典型特点，其实直到今天仍是如此，只是人们不敢明说了。在20世纪50年代，费尔南·布安曾大声地喊出他的金律：“黄油，永远要有黄油!”约尔·罗布雄今天做的土豆泥中也毫不犹豫地加入与土豆等量的黄油!

让-路易·弗兰德林注意到如此大量地消费黄油确实对上流社会成员的身材产生影响。比较一下15世纪绘画或雕塑中的线条纤细优美的处女形象和17世纪丰满得多的处女形象即可看出，黄油在饮食中的大量使用产生了作用。一下子，审美的标准改变了，纤瘦成了身体虚弱或贫穷的象征，而胖则表明身体健康和生活富足。对男人来说，这一标准直到不久前还适用，而贪吃的女人则从20世纪初就要受减肥之苦了。

除了黄油的使用，果菜汁和各种酱也越来越经常地被用来做调味汁。它们构成了最早的汤汁。马希阿罗列出了23种菜谱，每种口味都不相同。

糖的消费一直在增长，这得益于从一些岛屿上可以获得糖，但它多是被用来制作糖果和果酱。除此之外，人们逐渐不再往咸味菜中加入糖了。甜咸口味和酸甜口味一样逐渐被视为低俗甚至是可笑的配伍。中世纪时的古老烹饪方式只留下很少的痕迹了：至多还剩几道白肉菜、李子干炖野味或越桔酱野味、橘子鸭、羊肉奶油水果馅饼加佩兹纳糖，或是在青豌豆菜中加入块糖。

对于这些味道的分离本来有很多可以说的。17世纪的著作更多强调突出原料本身的味道，不能被过度烹饪、香辛料、酸味或甜味压住，但黄油却是例外，可以多放。

“这种肉需要加点醋，加点胡椒沙司，根据口味来定，但实话告诉你，最好的、也是最健康的吃烤肉的方式却是直接从烤肉钎上咬下吃掉，不要烤得太熟。过分地烹制反而会破坏了食物本来的味道。”

这样看来，20 世纪末的所谓“新派饮食”也只不过是新瓶装旧酒罢了！

煨菜、浓汁以及用黄油和炒成焦黄色的面粉或纯用黄油的调味汁品种越来越多，传统的烹饪器具已经满足不了需要了。从中世纪时起，做饭主要是在壁炉前进行烧烤，或在用铁钩悬挂的锅里煮食，有些干脆就把食物埋在炭灰里加热。为了使调味汁保持热度或煨一道菜，人们只能在烤肉铁钎架顶上放一个小盅，里面放一点火炭，与锅平齐，以供给热量，有时人们也在壁炉边的墙上凿一凹洞。城堡或重要的建筑物里还有专门的制作肉糜的炉子。在火边，人们或弯腰或蹲下，有时烤架上的钎子很多时也得在烤炉边上站上一会儿。

法国 17 世纪烹饪器具的大革命是产生了一种方砖砌的炉灶，这也是后来炉灶的前身。这种炉灶并不是纯粹意义上的新事物，因为一个世纪前它在意大利就已经存在了。1570 年教皇庇护五世的私人厨师巴托罗美奥·斯加比就曾极力称赞这是一种理想的灶具。这种灶具在 17 世纪的法国迅速普及开来。这种炉灶是由砖砌成的，有时也使用陶片，每个灶都有一个或几个灶孔，可以放火炭。炭灰由箅子漏下，被收到灰盘中。人们在上面放上大煮锅，里面有肉、菜和其他许多东西，如调味汁、蔬菜块炖肉、熏肉及其他食品，然后仔细看好锅。这种灶还可以加上铜制的火盆，里面装满火炭。这种新式的烹饪炉灶昼夜被安放在离窗子近的地方，以避免炭火燃烧释放的碳氧化物气体的危害。

从这时起，人们可以站立起来，靠近火源做饭了，这种姿势有利于制作较复杂的热菜。如果像中世纪那样，需要在石台上上菜，或是将羽毛插回到做好的家禽身上，恢复它们的原样，做这种长而细致的工作时，这种好处就没有意义了。那时，人们吃温的甚至冷的食物。这是后来被称做“法国式”服务的主要不便之处。在吃饭时，同时将几道菜上桌，客人根据各自意愿，喜欢吃哪道就先吃哪道，或自己够取，或请服务生将哪道菜靠近些。神父雅克与其上司阿尔巴贡谈话时就谈到了这种服务方式，雅克希望准备一顿精致的饭菜，而阿尔巴贡则更倾向于准备一顿像乡下人吃的、费用较少的饭菜：

阿：“找些能果腹的东西来吃吧：一些宽豆角，一罐栗子肉糜。这就够丰盛的了。”

雅克大人：“那好吧。我们需要四大碗浓汤和五个盘子。浓汤……头盘……烤肉……甜品……”

法国大菜对城市平民饮食，甚至对农民饭食最明显的影响，应该是这场“炉灶革命”了。无论城市还是农村，所有的家庭都采用了新的炉灶。从1620年发明到1790年被弃用，这种炉灶在巴黎一直被迅速推广。今天在布尔吉农地区许多家庭还留有当时的炉灶，最简单地就装在壁炉后面的墙上，当时人们叫做炉灰箱。因此，蓝登书屋刊印的《弗朗索瓦大厨》中记载的菜式，即使无法全部做出，其中一些也可以毫不困难地出现在一般家庭的餐桌上，包括乡下的茅草房。18 世纪最漂亮的厨房之一是加布里斯侯爵夫人家的，今天在格拉斯的弗拉格纳博物馆，人们仍可以看到它的原貌。一个巨大的通风罩遮蔽了突出的壁炉和有几个灶头的炉灶。

除了口味和灶具的变化外，餐桌摆台也越来越精致，至少在王宫和其从领地是这样。尽管国王和贵族仍然在他们的候见厅用餐，但吃饭已经变成了一项非常重要的事件，需要准备单独的房间了：餐厅从此出现了。里面备有固定的餐桌，而不像以前那样每顿饭前现支起一张桌子，还要有与桌子相配套的餐椅，有用餐的器具，和其他一些便于招待客人的设施，如用来冰镇饮料的泉水池、餐具桌、开在墙上的传菜口，有时也为了能从厨房直接传到客人眼前而开在地板上。餐桌上摆满菜肴。一些以前习惯在厨房里由仆人们伺候进餐或习惯在卧室进餐的领主们，此时也安排一间房间，举行一个小小的仪式，和国王在凡尔赛宫内的进餐仪式类似。但餐厅的普及则是到 19 世纪才实现的。餐厅成了许多中产家庭炫耀的地方，如果家中没有客厅的话，他们就在餐厅会客。今天，很多家中已经没有餐厅了，人们在起居室的一个小角落里进餐。

同样，餐桌艺术从文艺复兴时期产生以后，也逐渐完善起来。在宫廷或上层社会里，盘子、杯子、餐具、餐巾对客人们是敞开提供的。在一些重大场合里，厨师、仆役往往比客人还要多。这一传统在一些大饭店中一直延续到今天，当然有关的费用是要打进餐费中的。以前一直从意大利进口的餐具也在法国制造了，在国王没有开办御用工厂前，可以享有优先权。于是出现了一些软瓷：1673年起由埃德姆·博特拉造的鲁昂瓷，同年由佩罗先生造的奥尔良瓷和1677年造出的圣-克鲁瓷。晚一些的还有1725年的万塞瓷，尚蒂依瓷，接着，1745年，在塞弗尔出现了法国第一家硬瓷工厂。除了法国自己制造瓷器外，从15世纪末起，中国产的硬瓷进入了法国。法国在1689年、1699年、1709年和1759年，为了刺激国家经济而大量采购珍贵餐具，使得陶器和瓷器取得飞跃发展。银器一直非常抢手，国外大量采购或国王选用赠送礼品时，都非常喜爱银餐叉和银餐勺。玻璃器皿也越来越多样，1615年在英国发明的含铅水晶，在法国则直到18世纪下半叶才在圣-路易、塞弗尔、巴卡拉和克勒左的王室作坊中生产。

在路易十四时期的法国，美食对文化的另一重要性要数对交谈的影响了。谈论美食和菜谱在当时并不是不合时规的。1696年，曼特侬夫人描写其对青豌豆的热爱的句子就脍炙人口："迫不及待地吃它、心满意足地吃过它、满怀喜悦地等待下一顿吃它，这四天来我就是在这三部曲中度过的。"确实，除了国王外，宫廷中确还有几人以胃口极佳著称。贝里公爵夫人甚至因消化不良而去世。

从国王的餐桌到共和国的宴席

可以想象，国王在公共场合或在重大节日里举行的宴请，是不适合进行私密的谈话或表达情感的。美食当然愉悦感官，但它首先为君王服务，使君主得到他希望留给大众的形象。正如布里亚-萨法兰所说："进餐成了统治的手段，"我们可以加上一句：进餐也是一种外交手段。只有一些夜宵和花园小聚（小吃、冷餐）的场合，人们才可能更亲密。

摄政王奥尔良公爵和路易十五都保留了路易十四统治时繁复的仪式。但他们安排了更多的私密时间，也就是只要可能说他们会尽量与家人，还包括一些优雅而睿智的美妇一起进餐。菜单上的菜也都是些热菜，更多地照顾了国王的口味而不是他身份的需要。王族人士偶尔也会亲手下厨房做几道菜，至少也要装模作样，使自己兴味大增，当然也会令客人高兴。当年玛丽·安托瓦尼在农庄中即是如此。带沫的香槟酒成了佐餐的理想饮料。在它嘶嘶的泡沫声中，整顿饭显得轻松、愉悦和豪华。而过去很长时间，太阳王的御医法贡都认为香槟酒太酸而禁止太阳王饮用，他向国王推荐的是努伊市的伏纳酒（视饮用时间，有时掺水），这也是在为他的堂区争取利益，因为努伊是他的出生地！

整个上层社会都充满激情地接受了精美的菜肴，许多版画和油画都证明了这一点。美食甚至成了法国人日常风俗的组成部分。一些哲学家虽然对催生美食的政治基础暗生疑虑，但对美食本身却并无不同意见。这种奇怪的悖论在法国大革命时期达到了顶峰。

从法国大革命时期起，历史翻开了决定性的一页，美食的地位最终确立了。美食的火炬通过国家统治者们薪火相传，由君主制到王国到共和国，一直传到今天。路易十六继承了波旁王族的好胃口，甚至在大婚那天因过食而消化不良（错过了多么美好的一幕）。他还致力于推广土豆这一食品，使之逐渐成为百姓餐桌上的当家菜，使民众因之摆脱了饥馑的威胁。为此，他还专门举行过一次以土豆为主的盛宴，以抬高土豆这种本为法国人看不上的植物的地位。这场宴请中，有好几个菜是土豆做的，国王还特别在扣眼上别了一束土豆花。他发出了响亮有力的号召，“那些没有得到足够金钱的人们，有一种货币是值得你们拥有的。把手伸给我，并吻皇后吧。”在这些萨布隆人（指国王和随从）的安排下，土豆终于深入人心。

国王也深爱一种奢侈品——斯特拉斯堡的鹅肝，将其捧上了天。可能早在阿尔萨斯的犹太人社团中就开始制作鹅肝了，阿尔萨斯驻军总领——贡塔德元帅的大厨让-皮埃尔·克洛斯在传统的基础上将之完善。贡塔德元帅向国王进献了这道美食，得到了国王的激赏，国王又将这道菜推广到全欧洲。1784 年，克洛斯开始专门生产鹅肝。随着鹅肝成为一种民族的象征，他的财富也与日俱增。1867 年 6 月 7 日，在皇太子、德国的纪尧姆一世和俾斯麦的陪伴下，俄国沙皇亚历山大二世在英国咖啡馆就餐时，为菜单上没有鹅肝深感遗憾。克洛蒂约斯·布尔德——现在银塔饭店老板克洛德·特拉伊的祖父，解释说当时不是吃鹅肝的季节。为了挽回荣誉，当年冬天他就向他的客人寄去了按照斯特拉斯堡的配方制作的“三皇鹅肝”。这就是法国及法国人既懂厨艺又懂得推广他们美食的一个很好的例子。

国王和宫廷所代表的口味与佳肴美食及其制作方法的普及之间密切关联，且这种联系久已有之。人们可以注意到酒是这样的，其实某些奶酪也是这样。比如，人们总是愿意讲述布里奶酪与王族的关系。1217 年，纳瓦尔的香槟·布朗什伯爵夫人送给菲利浦·奥古斯都 200 个布里奶酪。1407 年，奥尔良的查理订购了 20 打布里奶酪，准备作为礼品赠送。接下来是亨利四世，还有大孔德，在罗克洛阿战役结束后，他将布里奶酪送给玛丽·勒克辛斯卡，后者用它做著名的“皇后一口酥”，还有路易十六……对布里奶酪的最终的、国际上的认可是在维也纳和会时。在塔列朗倡议举行的欧洲奶酪比赛中，布里奶酪一举击败了包括英国卡斯勒雷阿勋爵的斯蒂通和勒切斯特奶酪、波希米·德美特尼克奶酪、里沃尼·德尼塞洛德奶酪在内的52个对手，获得“奶酪之王”的美称。

正如布里奶酪一样，罗克弗德奶酪从中世纪时起就多次获得了皇家的支持。查理七世在1457年曾通过签批一张契据认可了一个古老的传统：罗克弗德镇上的居民有权对奶酪抽税。这种美味的奶酪已经成为附近学生的美餐。这张契据在1518年经弗朗索瓦一世确认，直到1645年路易十四统治时期，期间又得到多个国王批准。

加芒伯这种几乎成了国家标志的奶酪的历史既有平民故事又有王室传奇，尽管并不都是真实的，大家还是宁愿相信它……在18世纪，这种奶酪的消费对象还是农民，只有在维姆蒂耶的市场上能买到。玛丽·哈雷尔1761年生于布里镇，后来定居在诺曼底的加芒伯这个小镇。她将家乡制作布里奶酪的方法融入到加芒伯奶酪的制作过程中并取得了巨大的成功。她在阿基坦开了一家店并将制作奶酪的技术传给了女儿。令加芒伯奶酪声名鹊起的决定性事件来了！她的女婿，托马斯·贝奈尔，在巴黎—格朗维尔线铁路开通的那天，来到了苏尔冬，将加芒伯奶酪献给了来参加仪式的拿破仑三世。拿破仑三世尝后大悦，命令在杜伊勒里宫他的餐桌上一定要摆上这种奶酪，后来他甚至在宫里接见了贝奈尔。

拿破仑一世的态度明确表明了法国美食与国家的命运密不可分了。他受到的教育背景是乡村口味的，青年时代又是在军营或战场上度过，这决定了他喜吃肥肉、豌豆和面包做的汤、浇有兑了大量冰水的香伯丁产葡萄酒的通心粉，而不是旧制度下的宫廷食物。当然，他认识到宴请是权力和威望的重要表现，明确地委托冈巴塞雷斯，特别是塔列朗负责招待国宾，这两个人对此欣然接受。安东南·卡雷姆花费很长时间编写了法国大菜的菜谱，可以说是做了帝国的一件大事。

卡雷姆是法国美食史上的一位重要人物。从马西阿罗开始，许多御厨纷纷出书，对其前辈的作品或加以提炼或详细解释、或予以批判，有时甚至不讲分寸地批判，比如：1739 年弗朗索瓦·马林的《科穆的天才》、1742 年文森特·拉夏伯尔的《现代菜谱》及墨农在 1746 年和 1755 年分别撰写的《城市平民家的厨娘》和《宫廷菜谱》。卡雷姆的菜在菜式的繁复、用料的贵重和味道的配伍上都推上了了一个新的高度，他在菜的样式、镶边和宴会摆桌上的造诣更是登峰造极。这种装饰上功夫的不断提高和法国式服务的极度繁荣——卡雷姆认为这是唯一与威望和权力相配的——实际上却宣判了法国式服务的死亡。一方面耗资不菲，另一方面，人们只能冷食，最多只能吃到温的食品。而由俄罗斯驻法国大使，库拉金亲王 1810 年引进法国的俄国式服务——热菜一道道上的，在第二帝国时逐渐在法国被接受。卡雷姆所发扬光大的法式服务今天只在大的自助餐会上还有影迹。与其说这种自助餐会上的是菜，还不如说是上有甜食和肉食的冷餐。卡雷姆这位有创新精神的厨师，曾做过亚历山大一世、威尔士亲王、巴格拉希昂亲王和罗斯希尔德男爵的厨房总管。在巴黎时，他负责拿破仑、塔列朗还有恩准他叫“巴黎的卡雷姆”的国王路易十八的所有上等宴席。路易十八不愧是波旁王朝的一员，他冒着痛风的风险也要大嚼美食。据说他吃上一口兔肉就能准确无误地说出这只兔子是从哪里打到的。这让我们想起另一段故事：17 世纪时，上城修道院的佩里农教士尝上一口香槟酒就能说出酿酒的葡萄的产地，与其说他是靠科学的方法，毋宁说他是靠杰出的味觉做到这一点的。

卡雷姆还负责了由塔列朗率领的参加维也纳和会的法国代表团的饭食。当路易十八不停地提些要求时，他回答说：“大人，我需要更多的平底锅而不是书面命令。”他还威胁要离开塔列朗到维也纳一家餐厅去。但塔列朗成功地劝说他继续“为法国服务”。弗朗索瓦·鲍诺高兴地说：“卡雷姆保住了他的厨房，法兰西保住了它的疆界。”

卡雷姆有写东西的爱好。每天晚上，无论在哪里，他都要将在厨房工作的情况记录下来并予以评论；他还坚持学习，总在皇家图书馆待很长时间，抄录下一些建筑图仔细研究，从中获取灵感和启迪来制作宝塔式奶油蛋糕。对一个任务很重的厨师来说，他的著作可谓丰富：《皇家甜品》（1815 年）、《异域风味甜品》（1815 年）、《法国司厨长》（1822 年）、《巴黎大厨》（1828 年）、《法国十九世纪烹饪艺术》（1833 年出版 3 册；1843—1844 年卡雷姆死亡后出版 2 册）。卡雷姆在烹饪领域的影响很长时间都无人能比，直到四分之三个世纪后，埃斯考费耶才接上他的班。

卡雷姆也是第一个真正的明星大厨。在他之前，有过塔耶旺，而后是瓦特尔。他先后做过福盖和孔德亲王的膳食总监。他在尚蒂依自杀身亡后，塞维涅女士写了一段话，使他的名字永存：“他倒下，死了。潮水从四面八方涌上来……古维尔试图弥补维特尔不在留下的空白。她成功了，人们吃得非常好。”还有普鲁士弗里德里克大帝的大厨安德烈·诺埃尔。卡雷姆的声望，可能还有他的自负，都要超过他的前人们。关于自负这一点，所有的厨师，至少是从瓦雷纳来的厨师都有些，只是卡雷姆对此还颇有些欣欣然。他通过写作，经常地自我吹捧并褒贬其前人及同行，这些人包括一些在 20 世纪时看来是大师级的人物。而且，他还没有半点幽默感。读其作品会令人想起晚些时候著名的小说家法妮·德尚描述其死去的侄子阿兰·夏贝尔的话：“厨师是一些充满激情却将自己隐藏在异常骄傲的外表下的人。正如布雷斯的阉鸡一样，对其稍有不敬，你就会伤害他们。”

在拿破仑三世倒台后，共和国的总统们一代代地保留了美食的传统，以丰盛的宴席招待国外的宾客，并经常以国家元首的身份出席美食仪式。最盛大的仪式莫过于 1900 年 9 月 22 日万国博览会期间在杜伊勒里宫举行的法兰西市长宴，法国 23 000 名市长出席。博特尔和夏博饭店承办了这一盛宴，上了 12 道主菜。那套叫《塑造法兰西的 30 天》的书真应该出版第 31 册，描写一下 9 月 22 日这场宴席的盛况。因为这场按高卢和日尔曼传统进行的盛宴其实就是国家统一的一次盛会。接下的一次盛况重演要数 1987 年 10 月 28 日，当时的雅克·希拉克总理在勒伊的草坪上宴请了 15 000 人，其中包括 9 000名分属于各个政党的市长，占了全法国市长的四分之一。在一个国家凝聚力不如以前的时代，召开这样一次盛宴本不是坏事，但如果宴席质量能提高些就更好啦。

见证法国政府保持餐桌上传统的例子并不少。其中较近的一个是 1975 年德斯坦总统为保罗·博古斯举行的骑士勋章颁授仪式。仪式是在由当时最著名的厨师们（杰拉德·维热、特鲁瓦格罗及其他几人）准备的宴请中进行的。为了这一盛会，博古斯尽其全部才智创造了一道名菜，就是以后其菜单上少不了的“德斯坦块菰汤”。

1981 年左派政党上台后，人们本以为美食将不再辉煌，至少那些属于——像皮埃尔·莫罗瓦总理所说的——“城堡中的人”的大餐，将成为民粹主义祭坛的牺牲品。在左派上台的头一两年内确然是这样，人们随便在部里吃点冷餐充饥。而后，美食之风重新吹来，迅速取得了原有的位置。文化部长杰克·朗会同农业部长亨利·纳莱委托记者让·费尔尼奥对美食未来做一调查。几个大厨，他们的食客主要是些资本家，获得了一些荣誉：骑士勋位、奖章、艺术奖，密特朗总统还亲自为罗阿纳城的让-特罗阿格罗广场揭幕。总统府爱丽舍宫的饮食比一个世纪前清淡一些，但仍沿袭了宫廷大餐的风格，菜肴珍贵稀有，准备不厌其精，窖内更是收藏有 15 000 瓶高级葡萄酒。厨师长乔埃尔·诺曼对此毫不讳言：“总统是传统美食的忠实爱好者……总统吃饭时喜欢先从虾、蟹或鱼开始，然后进食羔羊肉、禽肉或是放养的小牛肉，还有一道金融家调味汁（用小牛胸腺和蘑菇做的）鱼肉香菇馅酥饼。”如果饮食不如此精美，法兰西的客人们肯定会感到难以理解甚至会被激怒。尼古拉·德拉博迪写道：“爱丽舍宫的餐桌是国家的橱窗。它在一定程度上反映了国运、生活方式和待客方式。”

最后，我们讲讲 1988 年法国总统大选时的一件轶事。为了吸引中间选民，社会党有一段时间与其激进理念保持了一定距离。直到 1988 年 4 月 13 日，总统候选人打算安抚一下追随他的那些有些心怀不满的老兵们。还有什么比饭桌更适合这一内部聚会呢？《世界报》是这样报道的：

“盛宴的地点选在了不为美食界所知的一个饭店：塞纳—圣德尼省普雷—圣热尔维市的勒普伊—勒伊饭店。普—圣市的市长，社会党人马塞尔·德巴日先生是这里的常客，也是该店高效的宣传员。他们共有 18 个人……店主蒂博先生向前来采访的 4 个记者详细介绍了总统的菜谱：鸡蛋、葱烧牛腰子，配上炸土豆和鲜蘑菇，草莓，酒是 1982 年产自圣-埃米利昂的苏塔城堡牌上好酒，还有 1981 年产的罗德尔香槟。出门的时候，总统发表了历史性的评论：这是个好馆子。”

法国人的胃

一些年来，“讲法语国家”成为法国文化和政治机构中最爱用的词汇。现在比全欧洲的精英们都讲法语的时代使用这个词还要多得多。不过，大家却不说“法国胃”——这个词组非常丑陋，听起来像是一种病的名字——其大意指法国人的美食方式，这点倒是令人欣慰，因为在许多国家，人们试图做顿好饭时参照法国方式是理所当然的事情。

泰奥多尔·泽尔丁将法国餐饮赢得国际声誉追溯到19世纪初是错误的。实际上，早在17世纪法国就已获得此项殊荣了。《弗朗索瓦大厨》1651年在法国出版，两年后就被译成英语，之后又被译成德语和意大利语（直到1815年，共出版了6次）。《皇家和城市平民的饮食》及其他许多著作也是如此。马西阿罗在其书的序言中就毫不谦虚地写道，当然他所写是确定无误的，因为在国外，至少在国外的宫廷中，这是尽人皆知的："在法国人们可以夸口说，我们的饭菜比其他所有国家都要好……我的书可以证实这一点。"1687年，德国人托马修抱怨道："在我们国家，如今所有的东西都必须是法国式的。衣服、语言、家具……只要是法国的，不管多差劲都是时髦的。"

所有欧洲的君主都重金礼聘法国大厨。比如文森特·拉夏伯尔，他先后在英国、荷兰、德国、葡萄牙，在军舰上、在东印度公司甚至路易十五的宫廷中当过差。他的《现代菜谱》1733年在伦敦用英语出版，1742年在巴黎用法语出版。他发明了"西班牙调味料"，在很长时间里作为其他调味料的基础。到海外工作的最著名的法国厨师无疑是安德烈·诺埃尔，普鲁士国王弗里德里克二世的厨房总管。他1726年生于贝里格，1755年即成为普鲁士国王的膳食官，在御厨利奥内·乔亚德手下听令。卡萨诺瓦1764年描写他道："这是个非常快乐的人……他是普鲁士国王独一无二的，恩宠无比的大厨。"他的菜很大一部分是法式的，比如这道"达那帕鲁斯王的炸弹"——一种填馅白菜，直到今天在贝里格及法国其他地方还在做，是他1772年发明的。国王专门为它的发明者写了137行颂歌："诺埃尔先生，今天你无与伦比！噢！达那帕鲁斯炸弹，味道多么鲜美，简直是天上美食！”

在同一时代，在纽卡斯尔公爵麾下服务的克鲁埃在英国闻名遐迩，他回国后在黎世留元帅处工作。在整个18世纪和19世纪期间，法国许多厨师自愿到国外工作，但能像诺埃尔那样获得稳定的丰厚薪俸的并不多。卡雷姆先是做俄国沙皇的御厨，而后为布莱顿的威尔士亲王服务。19世纪60年代，乌尔班·杜博瓦和埃米尔·埃斯考费耶先后担任了普鲁士国王的膳食总监。埃斯考费耶著作颇丰，影响深远，他的书系用法文写作，被译作多国文字，其菜谱解说非常详尽。他还邀请了许多年轻厨师到国外工作，但其影响主要在高级饭店而非官方宴会。

1879年3月13日维多利亚女王在温莎宫为沙俄的玛丽王后举行的宴会很可能是在一位法国厨师的指挥下进行的。一切都是法国式的，包括菜单都是用法语拟就，除了牛肉和野味。这两道菜是前一个世纪末亚瑟·扬发明的，也是极少的英国人比法国人做得好的菜。

“汤包括鸡肉一口酥汤、甲鱼汤和酒焖葱蒜肉汤，鱼是大菱鲆配龙虾酱，煎箬鳎鱼排，头盘是达杜瓦式鸡肉丸子，苏比斯羊排，波希米亚碎蒜，接着的菜是园丁鸡，烤牛肉，烤肉卷、烤鸡，甜食是里昂式朝鲜蓟，巧克力冰饼干和水果冻，接下来的是圆杏仁奶油蛋糕。”

今天，为强国服务的法国厨师已经很少甚至绝迹了。其主要原因是：富可敌国的统治家族非常少了，只剩下中东一些国家还雇了几个法国厨师。再有就是几个种香蕉的共和国，这些总统府开支与国家预算可以混为一谈的地方可以请得起法国厨师。挪威的奥拉夫五世国王曾认识一些法国厨师，他们是在奥拉夫五世父母在位期间为王室服务的。如今，厨师也换成了挪威人，但官方宴请还保留了法国的一些风格。S. G. 桑德是比利时的面点师，但他生活在法国，并在那里根据卡雷姆的方式，在加斯东·勒诺特的建议下完成了一些优秀作品。他是面点师世家出身，其祖先从1824年起为俄罗斯、普鲁士和暹罗服务过。他自己在乔治六世时也主持过白金汉宫的盛大宴请。今天，由于旅行变得很方便，还可以做实习，许多厨师从学徒到整个职业生涯都可以学习法国菜。这也并不新鲜。过去如此，现在大概仍是这样，由于身份所限，日本天皇没有用过外国厨师。但在明治天皇以后，宫方宴请经常采用法国风格，厨师也都受到过法餐的培训。大正天皇的厨师秋沢德三（Akisawa Tokuzo）是在法国学的艺。这是他在1916年11月17日天皇加冕仪式（天皇继位四年后举行）上为两千人的宴会开的菜单——只有一道保留了日本传统餐饮的特色，即清蒸做法——甲鱼羹，虾汤（虾是由日本军队在北海道和日光市捕捞的），米酒蒸鳟鱼，汽锅鸡，煎牛排，冷山鹑，橘子冰糕浇葡萄酒，烤火鸡，沙拉，芹菜，冰淇淋，甜点，酒有西班牙赫雷斯出产的酒、1900年依盖城堡酒、1877年玛格城堡酒、1899年克洛斯—沃格产的酒及博美香槟酒，咖啡、干邑。即使是今天，在日本天皇的国宴最后，还是要上吐司面包和香槟酒。

除了技术和厨师传到国外以外，三个多世纪以来，制作法国大餐的基本原料也出口到外国。人们除出口易储存、运输的葡萄酒外，长期以来还出口肉泥，特别是鹅肝，腌货，果酱，品种多样的糖果，奶酪，上等水果和蔬菜（特别是可以通过火车运输之后），精致的罐头等。今天，人所共知，这些大规模的出口在法国经济中占据了重要地位。

同时，从路易十四统治以来，法国风格的餐厅、餐桌装饰品也已跨出国境。在路易十四统治之前，餐厅装潢还是意大利式的甚至是中世纪样子的（石头墙上挂上壁毯），最漂亮的玻璃器皿产自威尼斯、英格兰或波希米亚，最美的银器常常来自德国，特别是东部德国，而瓷器则来自中国。渐渐的，法国产品或模仿法国式的产品到处可见了：在无忧堡，在卡泽特，在杰卢兹，在圣彼得堡……1755年里斯本被毁后，葡萄牙国王约瑟夫一世从巴黎金银匠 F. -托马斯.日耳曼处订购了 1274 件银器。今天，在哥本哈根的阿玛连博宫里，人们将 1770 年 1 月 29 日克里斯蒂安七世国王在克里斯蒂安堡宴客时的原貌重新展示出来。一切都是法国的：油画出自布歇和勒托克之手，木器和装饰是勒克莱克的，银器是路易十五的银匠托马斯·日耳曼的，他的作坊就设在卢浮宫的连廊里。大多数的物品都被保留下来，除了重 61 公斤的摆在餐桌中央的银器。

这样，在教会的庇护和国家最高权力的大力推动下，餐饮逐渐在法国文化领域占据了越来越重要的位置。美食首先在社会特权阶层中产生，我们要了解的是它如何为社会各阶层人所接受。尽管各阶层的人可能无法每天都能享用美食，但他们知道什么是美食，梦想得到美食，有时可能通过按菜谱做或叫外卖或去餐馆等方式尝到它。法国的餐馆风格鲜明，与世界其他地方的餐馆截然不同。

第四章

街上的风味餐馆或高级厨艺

“饭馆”（restaurant）这个词在世界上无人不知、无人不晓，这也是法国人骄傲的一个理由。这个词在法语中最早是指一种营养丰富的健身热汤，后来是指一些滋补养身、恢复健康的几种不同的小菜，或干脆就是指用来解乏、解饿，恢复体能的食品，到 18 世纪末，它才专指提供菜肴的场所。这一场所创立的标志性事件发生于 1765 年，在卢浮宫附近的普利大街，有一位叫尚铎佐的面包师，出售“RESTAURANT”，也就是热汤，同时也卖绵羊腿配白色调味汁。他的招牌用的是拉丁语，“到我这儿来，如果你的胃不爽，有我帮你疗伤”。结果，他被一些老式饭店老板们告了官（这些人实际上垄断了烤肉的销售），不过他最后还是打赢了官司，从而确保了他以后可以堂堂正正地做买卖。

斯蒂芬·莫内尔描述说，当时法国人在外面吃饭的场所显得很古旧，而英国的则要现代一些。但因为饭馆在许多地方都颠覆了法国的文化传统，与原有的旧式饭店有许多不同，因而法国的饭馆没有一个简单明了的“家谱”，它的前身似乎更应该源自英国。英吉利海峡对岸有许多小酒吧，里头卖葡萄酒，气氛优雅，和啤酒店是冤家对头。17世纪最著名、最精致的酒吧是1670年波尔多议长的儿子德·彭塔克先生开的。在这家店里，人们能喝到他父亲在自己的上布里翁庄园酿造的葡萄酒。卡拉齐奥利侯爵描写了1777年的英国贵族们的生活："除了他们的乡下房子，他们居住的条件其实很差，只有在酒吧里才能吃到最好的饭。他们还常把外国朋友带去。似乎只有在那里他们才活得像个主子?"要想了解法国为什么迟迟没有产生英国酒吧那样的地方，侯爵先生最后的评论道出个中缘由：在旧体制的末期，那些拥有最好的、真正的美食品味的人自己都有才华出众的厨师，还有一大帮伺候他们的学徒。这是路易十四施行的政策的结果，以此把上流生活吸引到宫廷里，并带到巴黎去。

名噪一时的面包师事件是追求新风气的标志，也象征着行会体制的没落。很快，在路易十四时期，巴黎开了几家饭馆，他们的名气压倒了那些旧式的饭店老板，蜚声国内外。狄德罗在给索菲·瓦朗的信中写道："我去普利大街的饭馆吃饭；那儿服务热情周到，令人十分惬意。"在过去的饭馆里，顾客们只能聚集在老板安放的唯一一张桌台前，意大利农村的某些小餐馆或希腊的酒吧不久前还是这样。与之不同的是，新饭馆里，每一位顾客都可以坐在自己的盖着桌布的小餐桌前。这样的话，顾客们就不必扎堆了，可以说一些私密的话或调调情。他们可以在一张画好的纸上点菜，上菜也只上够他们吃的一份，最后再结一下付款卡，也就是账单。

安东尼·博维利耶也对这个行当赞不绝口。他也是法国美食地理史上不可或缺的角色，他是为普罗旺斯伯爵，也就是未来的路易十八负责饮食的随从侍卫，后来自己当了老板。当时的斯特拉斯堡有一位克劳斯先生，他只有一样拿手菜——肥鹅肝肉酱。他开了一家非常漂亮的饭馆，全巴黎人都蜂拥而至，他让宫廷里的御宴厨艺下到民间。他先在黎世留大街 26 号开了爿店，名叫“伦敦大酒吧”，后来又搬到不远处巴黎最繁华的地段，皇宫瓦卢瓦长廊。布里亚·萨法兰曾提到，“优雅的沙龙，穿着得体的侍应生，讲究的酒窖，上等的菜肴”。总之，饭馆里融合了贵族的家居、优质的烹饪还有咖啡馆最好的特色，其中首推 1674 年拿波利坦-弗朗切斯科·卡佩利在图尔农大街开的店，名为普罗科卜，1684 年又搬到了老戏剧大街，一直到现在经久不衰，装修依然迷人。大约在同一时期，这个街区里还开了一家“普罗旺斯三兄弟”，专营普罗旺斯大鱼汤、普罗旺斯奶油烙鳕鱼。有些人说这家店因为开在巴黎，因而失去了部分普罗旺斯的风味特色，但是它的出现还是代表了一种革命。颇具异乡风情的烹饪成了阳春白雪，在饭馆用餐意味着感受或寻找思乡的情绪。今天亦是如此。当今最负盛名的厨界大腕们也不例外，博库斯、沙贝尔还有其他一些人都会到（确切地说曾到过，因为诗人米奥奈已过世）里昂的帕尔迪约区名叫奥代特的小酒吧，买了东西，咀嚼着番茄拌饭和小羊羔肉，品着马孔的白葡萄酒。弗米加塑料贴面和那些齿儿很久以来都不平的叉子使这些大师们得到了休息，他们都衣冠楚楚地来到这里寻求一时的放松，围着那些菜肆无忌惮地相互开着玩笑。

一场革命掩盖了另一场革命

大革命以来，巴黎上等的饭馆如雨后春笋，数量剧增。确实像有人说的那样，许多手艺高超的厨师走投无路，他们的主子要么流亡，要么被砍了头。梅奥便是如此，他是孔代亲王的厨子，1791 年在瓦卢瓦大街开了家饭馆。但是，他客户盈门的另一个原因来自革命者的首领们。他们决心铲除一切代表旧制度和旧宗教的象征，但又要注意别把孩子和洗澡水一起倒掉。在王朝和宫廷培养的文化和艺术成就中，美食是最容易恢复的一样，在这一点上，马拉和丹东无疑是共和国的敌人，他们常去梅奥的饭店大摆筵宴。破坏皇家的塑像，砍掉他们的脑袋并不能阻止人们去品尝块菰，恰恰相反，这是人民的胜利，人民的代表们可以合法享用美食！外省的议员们来到巴黎，在整个大革命时期都住在旅舍里，他们构成了饭馆主要且稳定的客源，饭馆的数量因而得以蓬勃发展。竞争非但于其无损，反而刺激了它的发展。这种现象在当今的贸易领域也很常见，无论是服务贸易还是非正常贸易，也就是稀缺产品的贸易，比如说万多姆的珠宝行，玛德莱纳广场的高级化妆品店。酒吧与议员生活之间的联系早就在伦敦早已长期存在。法国的高级烹饪也是如此，在走下圣坛进入民间之后，仍然像在旧制度时期一样与当权者有着密不可分的联系。

塞巴斯蒂安·麦斯耶在 1798 年幽默地讲述了平等宫的娱乐场所："此人十分精明，他看到那些饭店老板们、冷饮贩子们的店面和小铺鳞次栉比，密密麻麻，犹如蜂箱里蜂巢一般，便着手为那些就餐者们修建了休闲娱乐场所，每位 18 磅。他觉得，如此多的火鸡块菰、三文鱼、美因兹的火腿、野猪头、波伦亚的香肠、馅饼、葡萄酒、烧酒、冰淇淋、柠檬汁最终都要在他那里汇集，他要把那里造得又宽敞又舒适，让所有的人都能在此一享奢华，周围的美味对他而言都是金山银矿。”

威斯帕辛皇帝陛下可能没有想到休闲场所与吃饭喝酒的餐馆相对集中可以确保丰厚的收入！

几年之后，到了1803年，格里莫-德拉雷尼埃尔在其第一版《美食大全》中写道：王宫一带成了高级餐馆的圣地（如图）：“梅奥、罗伯特、罗兹、维利、雷达、布里戈、勒恰克、博维利耶、诺代、陶利耶、尼古拉等等，如今都发了大财，成了百万富豪。而1789年前，饭店不过百家……如今多出五六倍不止。”

在王朝复辟时期，约有3 000家饭馆，包罗万象，种类齐全，从最精致的到最朴素的，还有专门的学生食堂。1804年，格里莫又写道：“不少大腹便便的巴黎人的心脏好像突然都变成了胃口……在全世界的每一座城市里，食品的销售和制作不断翻番。在巴黎，一百家饭馆对一个书店。”

这个比例没有什么变化，即使在拉丁区也是如此……

对于这些新场所的热情迫使许多最为高档的咖啡馆也都改行成了饭馆，其中最有名的要数夏尔特咖啡馆，现在成了“大维福尔”，它是唯一经历王宫一带美食变迁史的光荣见证。

在帝国时期，饭馆呈现出新的分布格局（如图）。王宫不再是独一无二的去处。有些饭馆在阿尔一带（如蒙托尔格大街的“罗歇—德康卡尔”）和一些干线大道（比如寺庙大道、意大利人大道）上开张。在西边也开了一家“乐多宴”（长老），预示着香榭丽舍大街一带的成功为期不远。在王宫，很多客人来此休闲娱乐，这些场所相

美食餐厅

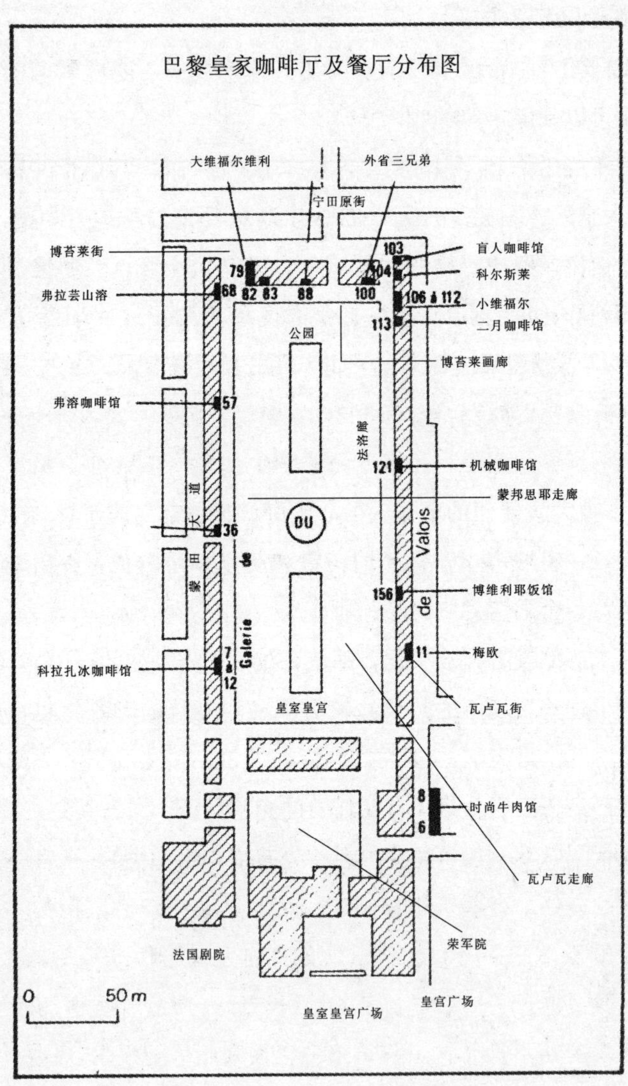
巴黎皇家咖啡厅及餐厅分布图
大维福尔维利
外省三兄弟
宁田原街
博荅莱街
盲人咖啡馆
科尔斯莱
弗拉芸山溶
小维福尔
二月咖啡馆
公园
博荅莱画廊
弗溶咖啡馆
机械咖啡馆
蒙邦思耶走廊
博维利耶饭馆
梅欧
科拉扎冰咖啡馆
瓦卢瓦街
皇室皇宫
时尚牛肉馆
瓦卢瓦走廊
荣军院
法国剧院
皇室皇宫广场
皇宫广场
Galerie
de Valois
蒙田大道
79
82 83
88
100
103
104
106 à 112
113
68
57
121
36
156
11
7 à 12
8
6
0
50m

距不远，后来，是这里的散步地段和剧院把饭馆引到这里。

在帝国末期，多亏了塔列朗和卡雷姆，法国美食重新恢复了宫廷高级烹饪的优势，而且还锦上添花：饭馆里不仅菜肴精美，环境也要比旧体制时期镶金灯笼下的气氛更加轻松。时光流逝，国家的新主人们的做法与过去相互交融，17 世纪宫廷的优雅做派重现人间。拿破仑下台后，所有的欧洲精英们都深切地怀念着大革命前法国的文化，他们重返巴黎呼吸着那里的空气，徘徊在时尚的饭馆里。不久后，一位叫欧也尼·布里封的人总结了当时外国人重新找到一个与过去一样、甚至好于过去的巴黎的放松心情："1814 年，全欧洲都与法兰西对抗，所有'部落'的头领们都只有一句口号：巴黎！到了巴黎，他们就要去王宫，在王宫，他们最想要什么？坐到餐桌前!"

主要还是那些饭馆的厨师长们牢牢地把持着美食的创意。除了王宫、帝国内廷以及共和国的宫廷，只有少数几位大资本家才够得上旧体制下贵族们的奢华排场。尽管门前有一队卫兵，也挡不住他们跑到饭馆里大快朵颐。饭馆里可以乐而忘忧，人与人之间的相互关系也与家里大不相同，特别是男人与妻子的关系更是如此，因为直到 19 世纪末以前，偕夫人下馆子还被人看作不妥……因而才会有一些特别的沙龙应运而生。拉佩鲁斯的沙龙因其驮着长凳的小马和带擦痕的镜子而名噪一时。那些水性杨花的小资女性用镜子来检验他们的保护者送的钻石是否够名贵。如今，物是人非，只有这些镜子还待在这幢已列为文物的房间里。

那些在资本家家里干活的大厨们一旦练成手艺，并且有了一定

美 食 餐 厅

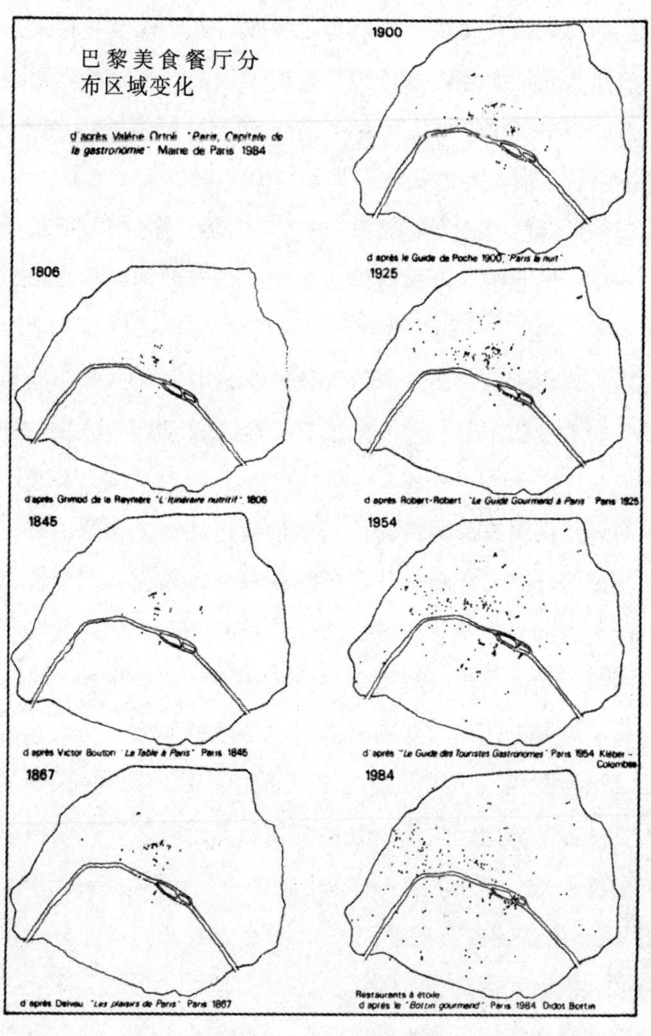
巴黎美食餐厅分
布区域变化
d'après Valérie Ortoli "Paris, Capitale de la gastronomie" Mairie de Paris 1984
1900
d'après le Guide de Poche 1900, "Paris la nuit"
1806
d'après Grimod de la Reynière "L'Itinéraire nutritif" 1806
1925
d'après Robert-Robert "Le Guide Gourmand à Paris" Paris 1925
1845
d'après Victor Bouton "La Table à Paris" Paris 1845
1954
d'après "Le Guide des Touristes Gastronomes" Paris 1954 Kléber-Colombes
1867
d'après Delvau "Les plaisirs de Paris" Paris 1867
1984
Restaurants à étoile
d'après le "Bottin gourmand" Paris 1984 Didot Bottin

的知名度后，一般都会自己开店掌勺；相反的情况则很少。在主子家里干比较清静，但不如在饭馆里刺激，伺候一位主子，很容易就能掌握其口味的变化，而在饭馆里，要对付几十位熟客，需费尽心思才能让他们称心如意，常做回头客。阿道尔夫·杜格勒雷的经历就是一个很好的例证。他生于1805年，在罗斯柴尔德男爵家一直干到1848年，其间师从安东尼·卡雷姆。后来成为“普罗旺斯三兄弟”的掌勺人，62岁也就是自1867年起开创“英格兰咖啡馆”而达到其职业生涯的巅峰。万国博览会给他的这家店和其他几家店带来国际声誉，这主要应归功于杜格勒雷，而这种优势反过来也为他带来以前不可能得到的知名度，因为他从未出版过一本书。在他的菜谱里最出名的配方都是他与一流的客户们相互交换得来的，这些人都身处时装、艺术、金融和政治界：安娜的苹果派即源自于妖冶的安娜·黛蓉，热尔密尼汤出自法兰西银行行长热尔密尼伯爵，阿尔布福拉小母鸡则来自苏歇元帅，他是阿尔布福拉公爵——这道菜是卡雷姆专为他而命名的。当然，还有杜格勒雷菱鲆。现在，尽管有人会有这种想法，但无人再敢以自己的名字做菜名了，不过，即使有些过时，有些人还是愿意用一些强势人物的名字：雷蒙·奥利维耶做了一道兰尼埃三世（摩纳哥国王）鸽子，博库斯做了一道瓦列里—吉斯卡尔·德斯坦（法国总统）块菰汤，银塔饭店的菜单上迄今还有这些菜名。因此，美食与权力的关系是亘古不变的。

19世纪的法国美食地理

在19世纪上半叶的50年中，法国美食的创意主要来在巴黎。也有一些饭馆到其他一些城市开了张，但没有几家字号能留到20世纪。在外省其实吃得也不错，不仅实在、丰盛，都是土特产，而且价格公道，但就是没有激情。比如在里昂，各类饭馆为数众多，丝厂的老板和法官们光顾那些豪华且又不大引人注目的地方，而手艺人只能去那些小酒店。拉雷尼埃尔似乎曾在1810年对马赛的饭馆给予了高度评价，但他的“承诺”一个世纪以来从未兑现。他说：“马赛是个起居舒适的城市。艺术家、文人、经纪人、找乐子的、好吃的还有好色之徒都可以在这里得到满足。”直到20世纪末，弗凯亚人的都城（即法国南部城市马赛）才在美食方面小有名气。在1956年的《米其林指南》上，马赛及其周围地区只有一家两星级饭店，五家一星级饭店，而里昂地区则有一家三星级饭店、六家两星级和十二家一星级。即使马赛现在已有所进步，但这种比例依然没太改变。

在巴黎则恰恰相反，饭店美食与时装、戏剧、音乐一样，充满创意、变化无穷。这很容易理解，因为巴黎的布尔乔亚主导着潮流，要求厨师根据他们的口味发挥，而厨师们也应对得体，像博维利耶开始做的那样，提供了大量的菜谱。无论是顾客还是饭店老板，他们都有着同样显而易见的露骨的想法，菜单上的菜肴、美酒的品种要尽可能多一些，但又要尽可能的超凡脱俗。最近刚刚去世的评论家让-保罗·阿龙特别突出地描写了这种食不厌精的暴发户胃口，而对于其中包含的纯粹的欲望的感觉，其表述则略显不足。大腹便便的布尔乔亚胸前交叉系着表链，挽着舞女到里奇咖啡馆吃夜宵，这不仅仅是在炫耀其财富，也说明了一个成功男人的审美品位和有钱有闲及时行乐的状态。要是吃了疯牛肉，他就觉得更高兴了，更觉得没白来。说得更细致一些，他的快乐好比一个农民，平时粗茶淡饭，但赶上一个婚宴，连吃三天流水席撑个肚满肠肥，平时束手束脚的那些物质和道义上的规矩早被扔到九霄云外。虽然消费性质类似，但布尔乔亚的乐趣与18世纪的贵族比起来还是有所不同。贵族们沉迷于小型的优雅夜宴，自以为陶醉，其实根本不知快乐的真谛。只要布尔乔亚不是个挥霍无度的浪子，他会根据自己的情况量入为出，这也为他的品位增添了一份乐观，确实还是比较有远见的。

巴尔扎克的作品提供了许多他那个时代巴黎饭馆的生活场景。其中最常被提及的是位于蒙托戈耶街的“罗歇·德·康卡尔”，然后是寺庙大道的“蓝色表面”，还有英国人咖啡馆、里奇咖啡馆、巴黎咖啡馆，这三家都在意大利人大道上。另外位于王宫附近的“时尚牛肉馆”已经开始走下坡路了。那是大道的伟大时代，但是潮流西渐，寺庙大道和意大利人大道先后被冷落，到19世纪末时，在安丁和玛德莱纳马路中间的地带繁华尽显（请看图）。莫里斯·纪勒莫在1901年写道：“真正的巴黎不过就在一段沥青路上，路边种着低矮柔弱的小灌木丛，镶着铁丝，从喜剧院直到皇家大道……除了那儿，就是郊区、奥德翁一带、还有不出名的偏僻之处。”而加斯东·奥利弗在1902年的《高卢人》一书中写道：“金屋饭馆和里奇咖啡馆相继关张，这是否说明巴黎人已经倦于支付昂贵的餐费吗？我并不相信，因为时尚并未销声匿迹，越来越多的‘夜总会’应运而生。事实上，金屋、还有里奇咖啡馆以及布雷邦关门大吉，只是因为他们的位置不好，都坐落在如今已过气的大道上。因此，一家豪华的饭店应有足够的实力和底气抵御潮流的变迁，如今这一波又将越过玛德莱纳和圆点广场，涌到森林大街和森林里去了。”

现在是位于爱丽舍宫的“乐多宴”的时代，香榭丽舍的“洛朗”的时代，阿尔莫浓维尔的“普雷卡特兰”的时代，是布洛涅森林里的“马德里”和“大瀑布”的时代。左岸也开始热衷于美食了，此前这地方为常来光顾的学生和艺术家们提供浓汤，口碑也很不错。达尔库尔咖啡馆、银塔、拉佩卢斯、弗优的声誉与右岸的饭馆不相上下。

在整个 20 世纪，这种布局依然持续。后来，有些饭馆分散到巴黎环城路一带和郊区，不过，其中十分之九的饭馆都位于火车东站——巴士底站直到奥尔良门一线以西。

美食与旅游业的开端

法国的小资们还有那些习惯于在巴黎的饭馆里享用美味的外国人在欧洲各地都有生意，各地也会有许多十分诱人的娱乐项目，因而他们十分希望在欧洲的所有豪华饭店里都能找到（像在巴黎）一样品质的美味佳肴。这批腰缠万贯、要求又高的客户随着铁路的发展出行日益频繁。为此，在许多经济中心、海边和阿尔卑斯山湖畔以及温泉疗养场所都开设了高档的饭店，供他们尽情地放松消遣。

豪华饭店的历史分布与饭馆的类似：英国人先行，法国人发展。最早的饭店，与贵族们的别墅的情况一样，都是一些奢华高档场所，可租一套间在客厅里享用自助餐，而这些饭店都是英国人在 19 世纪 20 年代期间在伦敦的圣詹姆斯大街和皮卡迪利大街上开设的。圣詹姆斯饭店是其中最著名的一家，经理是卡雷姆的一个英国学生，名叫弗朗卡特利。从 19 世纪 80 年代开始，一些宏伟豪华的饭店——因其豪华，人们将之比为皇家宫院，称为“宫殿”——相继出现在伦敦、巴登巴登、巴黎、里维拉、图凯、特鲁维尔、都维尔、卡伯尔等地。其中许多饭店都是法国人设计和管理的。巴登巴登饭店完全是德国土地上的法国文化之园，由雅克·贝纳泽一手打造和经营。

在这些响当当的法国人中间最著名的、既是高超的经营者，又是令人钦佩的豪华与享乐的创造者，要数恺撒·利兹和奥古斯都·埃斯考菲耶。前者是瑞士籍人士，但一生都在为法国的荣誉而努力，他的强项在于饭店管理，而后者则是装饰装潢。他们于蒙特卡罗大饭店邂逅时相见恨晚，合力将伦敦的萨伏瓦饭店打造成欧洲最高档的饭店之一。在那儿吃饭十分讲究，现代的饮食，多样的风格，诚如埃斯考菲耶所言，已成为饭店争相效仿的潮流。之后，无论是巴黎万多姆广场上的利兹饭店，还是伦敦的卡尔顿和其他为数众多的豪华饭店，都邀请他们二人作为顾问。

埃斯考菲耶本人十分自信。一些大师肆无忌惮、矫揉造作的虚荣其实正是他们的魅力所在。埃斯考菲耶在他的《回忆录》里毫不掩饰地描写了他的技艺，以及在一个伟大的地理与经济的变迁过程中他所发挥的影响：“烹饪艺术可能是外交当中最有用的一种形式。本人常常被邀至世界各地组织装饰装潢工程，为最豪华的饭店提供服务，我总是在考虑要使用法国的材料、法国的产品，尤其是法国的员工。因为法国美食的发展得益于成千上万的法国厨师，他们在世界的各个角落辛勤工作。他们远离故土，在最遥远的国度用他们自己的手艺让世人了解法国的特产和烹饪艺术。我最得意的地方就是能够为这一进程做出自己的贡献。在我整个的职业生涯中，我在世界各地‘播撒’了大约2 000名厨师。他们中的大部分人都已扎根于当地，可以说他们就是我们在未开化的土地上撒下的种子，今天法国收获了麦穗。”

此外，埃斯考菲耶出版了大量著作。1901 年出版的《烹饪指南》被广泛传译。他在书中简化了菜单、菜谱，尤其是介绍的内容。饭店中那些结构复杂的基座和突出的修饰被去除，在大厅里现场操作也开始淡出，不再采用长得没完没了实际上却无法全部兑现的菜单，改向顾客提供印有固定价格的菜单。普罗斯普·蒙塔涅与萨勒斯合著了一本于 1901 年出版的《插图烹饪大全》，他在书中的观点更为明确。埃斯考菲耶在欧洲的影响随着他为伦敦的塞西尔饭店准备的“伊壁鸠鲁晚餐”而如日中天，这道菜被同时上给欧洲的 37 座城市里成百上千的客人！不过这种国际化的做法逐渐误入歧途。第二次世界大战后，这些豪华的大饭店已远非昔比，常常提供一些平淡无味的饭菜，略带些久远的法式味道，这种烹调方式被称作“国际式”。在黯淡了很长一段时间后，近十几年来豪华大饭店里的餐饮又重新找回了灵感，在巴黎、尼斯、蒙特卡罗或东京，几乎所有大饭店里都有一家或几家世界级的法式餐厅。

为了确保饭店里的烹饪质量与欧洲或法国本土的保持一致，一般会根据大资本家们的季节旅行规律，将整个的烹饪班子搬来搬去。让·杜克鲁在图尔努斯的克鲁斯饭店工作，他讲述了 20 世纪 20 年代从巴黎到图凯令人惊讶的转场，“在图凯的修道院，每到夏季，头头们就笼起三百人的班子，在十几天的旺季中为一些大资本家们服务。这些下人们都是从巴黎乘着一列很有意思的火车赶来的。雇来的 80 名厨师、伙计还有学徒们组成一个团队，在预订好的一到两列车厢中集合。另有一些团队也在同一天启程奔赴其他尚未迎客的大饭店，因而这是一个厨子专列，从圣拉扎尔车站出发。热闹的旅程一般要好长时间，其间重新又凝聚起大城市里消散已久的惺惺相惜的伙伴情谊”。

直到 1925 年，大饭店的客户们也使用着一样的交通工具，当然他们的乘坐条件与普通人自不可同日而语。农民或小市民们都从自己的口袋里找出些饭食来，二等或三等舱里总是充斥着浓烈的乡土味。而这时候，善吃的资本家们则在车站里享受着美味冷餐，然后才从容上车。到阿尔卡雄，他们在一座奇妙的中式宝塔里品尝着当地的特色菜。在第戎，他们吃的比在巴黎许多餐馆里都要好。在里昂车站的蓝色车厢中，这种始自 1901 年的令人称奇的装饰就已经是一道餐前点心，之后还有很多的美味在里维拉等候着他们。“全景巴黎”也被用来使这个梦幻一样的情景更加完美，莎拉·贝尔纳特本人就活灵活现地出现在一面浮雕上……这种方式到今天也没变；各界明星大腕都满心欢喜地期待着到圣特罗佩、戛纳或都维尔去，那儿的名厨也知道如何把握机会……

火车上，也可以到餐车去吃，这是美国人普尔曼的发明。在卧铺车公司的推动下，从 1883 年开始，在巴黎到诺曼底一线，还有东方快车上都有了餐车车厢。在君士坦丁堡一线，奢华的装饰、精美的摆设和菜肴都是闻所未闻的。1900 年，该公司拥有 200 辆餐车，分布在欧洲各大铁路线上。当然，车上主要供应法式大餐。现在铁路餐饮全面滑坡，目前正尝试着寻求新的契机。不过，除了个别几样东西外，远远称不上是美食。最后再谈谈邮轮上的豪华大餐。由于航程难以确定，船上的客人们对吃的兴趣要比在陆地上大得多。

“幸福的 7 号国道”

第一次世界大战结束后，诞生于火车上的旅行美食的桂冠逐渐被汽车取代，如同第二次世界大战后飞机取代了汽车。这对于那些古老的驿站和乡间旅舍来说不啻是意外的礼物，多少年来他们只能依靠婚庆或宴会或行商过活。实际上，这种现象并未马上出现在法国全境。长期以来，大家首选的主要是汇集了法国三大都市的要道，终点站是尼斯。6 号国道和 7 号国道成为旅行美食接力站上的长长的串珠，前去度假的有钱人和骑着摩托车的旅行者都在这两条路上流连。

这些必经必停之路马上成为米其林主编的《公路向导》中的内容。“毕班道姆”是库尔农斯基设计的米其林轮胎的著名的吉祥物形象，这个“美食王子”的诞生标志着汽车与美食的结合。查尔勒·特勒奈在 20 世纪 50 年代唱的一首歌，名叫“幸福的 7 号国道”中写道：“噢，多么幸福，在桑里约的杜曼饭馆或是在阿瓦隆的于勒餐厅吃午饭，在里昂的布拉泽大妈家或吕埃尔山口的木屋里用晚餐，还有维埃纳的费尔南点点屋也是个不错的饭馆，然后就可以沉浸在地中海风味里尽情享受，那里有博德普罗旺斯的杜伊利耶；安第博的伯杜安无论冬夏都可露营，或者在那些海边的大饭店里，起初只从头年的十月到第二年的五月开放，1931 年后夏季也可住！冬天，在去梅杰夫或沙莫尼之前，可以在塔罗阿的比斯小住。”这份美食餐馆流水账基本上囊括了米其林 1956 年版的《向导》一书中外省的所有“三星级”饭店。而当时的巴黎只有四家：宏大韦福尔（奥利维耶），马克西姆（沃达布尔），银塔（泰拉耶），拉佩鲁斯（托波林斯基）。

为了追求飞车的陶醉还有美食的乐趣，全巴黎的艺术和剧目组也乘汽车南下“海边”，他们经停的地方也都因此出了名。那些“金书”留言册成了地球上最高贵人物的签名簿，从莫里斯·舍瓦利耶到英国王后应有尽有。让·考克托是公路旅行者的忠实信徒。每遇天气晴好，轻风拂面，令人激动，其乐无穷。

在主干道之外，情况也在一点一点地发生着变化。乡间农舍或小旅馆越来越习惯于接待一些专门来品尝当地风味的过客。苏塞哈克的一家小旅馆的老板娘即兴烹饪的一些菜打动了两位巴黎开车人，皮埃尔·伯努瓦于 1931 年将此作为一部浪漫小说的开篇。这顿午饭既不像斯巴达式的那样单调，也不像大饭店里的国际式大餐那样奢华。老板娘称自己毫无准备，只能上一些现成的菜将就一下。菜里有肥鹅肝、小虾皮、头天夜里钓的鳟鱼、加馅的薄饼、红酒洋葱烧野兔，还有一只烧鸡！这两位客人都是体面的小资，对这顿饭赞不绝口。这就是一个新现象的征兆：对土特产的兴趣，构成当代美食的一个基础。

不过，长期以来，在外省的地方风味菜远比艾斯考菲式的大饭店里的菜便宜。这些菜都是些家常菜，取材于乡间的节日，由主妇们掌勺。中产阶层的旅游者们度假时发现了这些美味，促进了它的发展，随之在带薪休假时普及。虽然他们大多来自大城市，但是他们怀着狂热的兴致，通过在出生地的环境里品尝风味菜和本地葡萄酒体会思乡的亲情。怪不得帕涅罗在《希加龙》中写道：“人类的悲哀！如果没有了饭馆？看那芦苇秆，如果这片景致没有孕育出一家或几家饭馆，要它何用？这将是一片无意义的景致。”应当再补充一点说，长时期来，这些乡下饭馆菜量丰盛，做工也不错，但价格十分低廉，除了一些多年来为贵客服务的加油站外，这种现象十分普遍。这种与巴黎饭店价位的差异对那些收入平平的人们的确是件乐事。但这也是大多数乡村地区经济文化没有开放的结果。现在这种现象毕竟少见了，但在偏僻处仍然可以吃得非常便宜。1980 年版的《戈尔—米欧指南》中隆重推出了汝拉山区库尔朗的沙瓦那旅店，极言其物美价廉。书中说，“价格十分公道，按套餐吃只要 75 法郎，超级合算的性价比。当然，库尔朗也并不是邻家小院。”

吃完再说

随着法国大革命的展开，高档烹饪也日益走下神坛。在探讨其现代性的方方面面之前，需要看一看有关的言论。有人说，除了恪守盎格鲁—萨克逊的有关技艺的少数阶层，无论什么样的法国人都喜欢谈吃论喝，不管是在饭前、席间还是餐后。因而，著名的“吃完饭再说”这种话就是对许多精美菜肴的褒奖。莫里斯·勒龙回忆巴尔扎克曾为他的一位客人倒酒的轶事，那位客人杯中刚刚倒满好酒，他准备一饮而尽，巴尔扎克说道：“我的朋友，这种酒，只宜用目光抚摸。”

“然后呢?”

“然后，深呼吸。”

“再然后呢?”

“虔诚地将其重新放到桌上，不要碰它。”

“再然后呢?”

“然后再说吧。”

莫里斯·勒龙补充道：“其实，如果说在欣赏一幅画或者在一段名曲时最好保持缄默，那么，高明的讲解对于品尝一瓶好酒有着特殊的作用，而且有助于分清楚哪些是无知者，哪些是内行。”

法国关于美味菜肴、美酒佳酿的口头或书面文化的历史也许是随着这些美食一起产生和发展的，同时也促进着烹饪、酿酒的进步，并衍生出从民谣到诗歌，从评论到哲学的完整体系，这一点法国也许要比其他国家做得更好。法国式的描写美食和葡萄酒工艺的文学作品比比皆是，可以编成一本文集，内容包括有关知识和诗意的各个方面。其中最发达的一个领域就是评论，这对于理解小资们，或者几乎全体法国社会对美食的占有欲至关重要。如果说四分之三的法国人都知道保罗·博库斯的名字，他们很多人都无法说出一位法兰西院士的名字，这就是美食评论走入民间的结果。

美食评论上升到文学的范畴要归功于格里莫·德拉雷尼埃尔。他是一个慷慨的农场主之子，家境宽裕，但天生残疾——生来手上长蹼，他内心深处对于同时代的人有着深深的蔑视，尤其是他们无法如他所愿能吃会吃。他举办一些宴会，上演一些格调怪异的剧目，一些他精挑细选的密友应邀出席，然后他从那些声称在巴黎的广场上有着十分愉快经历的人中再次进行筛选。他于1803到1812年间写成并出版的《美食家年鉴》，笔法细腻，语调诙谐，开创了当代评论界的一代文风。他汇集了品尝者们对饭店、菜馆、肉铺、点心房和糖果店等等各种吃食的喜好和厌恶。所有这些经过专业之口得出的经验体会都发表在《美食家年鉴》上，如同今天一样，若干家杂志发表各种各样的试吃结果。格里莫的鉴赏水平十分出色，为人又有些刻薄，喜欢吹毛求疵，因而成为了一个伟大的创新者，从19世纪到现在，他的许多思想常常被其他作家反复引用或重新整理。在旧体制时代，高品质的菜肴和美酒均取决于当时的大人物和生产者之间的直接关系，有时也包含中间商的因素。格里莫引入了第三股力量——评论，用以引导他们之间的关系。评论的影响力与日俱增，有时会深入消费者和生产者的心里，使其必须接受。这种现象其实十分普遍：大家都明白引领风气之先的车头是如何根据它们的形象改造世界的。

贝尔树和布里亚-萨法兰，这两位在美食史学专家看来，只能说是才华平平的跟风者，甚而可以说是格里莫·德拉雷尼埃尔的剽窃者。但实际上，此说并不公平，因为他们两人，尤其是布里亚-萨法兰，挖掘出了古老的高卢精神，概括出了“优雅”的特点。在他们看来，美食首先是幸福生活的艺术。他们为这些名言警句式评价而暗自得意。而格里莫则更为巧妙，事实是，他是一个永不知足的人，他用灵活的笔触细致地刻画出内心的愉悦，还有对这个世界深深的不满，以及怀着最强烈的感情品尝一口块菰的味道。他在这个领域的地位，相当于卢梭、萨德或者卡萨诺娃。归根结蒂可以这么说，格里莫提出了旧时代末期如何享受美食艺术的理论，而贝尔树和布里亚-萨法兰则是19世纪小资产者们饮食艺术的专家。当代继承这些前人成果的是杰姆斯·德高盖。

美食艺术评论在19世纪时由许多作家共同努力而取得了显著成就。其中有夏尔·蒙斯莱，第二帝国的著名记者，开辟了《饭桌专栏》。他还主办了一份名噪一声的杂志《美食》，并出版了大量他所热衷的著作，其中就有《实用烹饪指南》。

蒙斯莱与他的前辈布里亚-萨法兰，还有同时代的布里斯子爵和雷翁·德弗斯子爵一样，终生未娶。这并非全然出于巧合，当然也无需扯得太远，不要陷入到低级的弗洛伊德的老套之中，这点倒是类似于那些对于美食感兴趣的天主教神父，无论是在俗的或是职业的。许多19到20世纪期间文学作品中的美食家都是单身汉，至少在开篇部分都是如此。如埃尔克曼-沙特里安笔下的《好友弗里兹》，保罗·德库塞尔和希克斯特·德洛姆的《米斯特拉大叔》，马尔塞尔·鲁夫笔下的多丹-布封。

“美食传记家”这个词是普罗斯佩·蒙塔涅的发明，他本人根本不热衷于评论一道，但评论成就了他的名气。在这帮单身“美食传记家”中，最出名的要数莫里斯·萨扬，又叫做库尔农斯凯（Curnonsky，即为什么不是斯凯？天空？当时正处于斯塔维斯凯事件的时期）。他是当时的名记者，名作家，其笔名源自于阿尔封斯·阿莱，他在维利为黑人们代言时练就一手好文章。库尔农斯凯比蒙斯莱更胜一筹，除了专注于美食，还喜欢旅游。第一次世界大战以后，他与马尔塞尔·鲁夫结伴，历时数年遍游法兰西，并出版了28卷本的

《法国美食》。马尔塞尔·鲁夫的突然辞世中断了法兰西美食之游的行程，全书只差四卷即可完工。自19世纪以来，在已出版的所有旅游指南类的书籍中，只有这一套是完全写地方风味菜肴、好酒和特色饭馆的。该书的影响巨大深远，从此以后，在巴黎的高档烹饪中，地方风味有了自己的完完全全的一席之地。无论是法国人还是外国游客，都不会忘了地方风味这一口，并且把它当作法国旅游的一项主要推荐。承认库尔农斯凯的贡献是在1927年，《巴黎晚报》搞了一项民意测验，选举美食王子。在3 388个选票中，库尔得到1 823票，莫里斯·代·翁布里欧得了1 037票，其他选票则分散在卡米尔·瑟福、雷翁·都德、阿里·巴伯、波米亚那等人身上。借着声名鹊起、荣誉日隆之际，库尔农斯凯创立了美食学院，跻身于巴黎众多的美酒佳肴俱乐部和行会之中。自1947年开始，他为《法国烹饪与葡萄酒》这本读者极其广泛的杂志取得成功做出了自己的贡献。一直到他1956年去世以前，他总在不停地写作和旅行。声名显赫，荣誉等身，各种邀请纷至沓来，其中包括杜梅尔格总统。他十分热爱美食和饭店里的手艺人，毫不掩饰对他们的祝贺和赞赏。事例众多，试举一二。有一次，他品尝了拉莫特-博沃隆饭馆塔婷小姐烹制的奶油水果馅饼，大喜过望，随之将这种点心和这家饭馆推广到法国全境；现在这道菜已成为法国最出名的甜点。1922年，他发现在里耶克-苏尔-伯龙有一家乡村小食品店兼营服饰用品，叫梅兰妮·鲁阿特，此店烧的菜十分可口，他说服店主开了一家正式的饭馆，几年之后就成为布列塔尼最出众的一家餐馆。

库尔农斯凯的评判十分严厉，下笔绝不容情。一般来说，他只在表扬的时候才显得词章流畅，文风生动活泼。王侯贵胄般的名誉给了他一切，他却更热衷于像盛名之下的演员一样生活。法国的美食地理随着汽车旅游的兴起而不断发展，他在其中功不可没，是各类指南的补充。

在整个19世纪，法国先后出现了旅行指南、午餐指南、美食和娱乐指南，但多数是以首都为主。《若阿纳指南》或德国的《卡尔·拜德克尔指南》提供了住宿的信息，旅行者们可以借此在外省找到落脚之处，但好吃之徒却依然无所依从。直到汽车产业飞速发展以后，形势才有了极大的改观。自1900年起，《安德雷·米其林指南》出版：内容包含为数众多的旅馆、饭店、停车场的地址，但对于美味的盘中物依然未置一词。通过评星级的方式来划分餐饮的优劣始自该指南1926年的版本，1931年版则开列了从一星到三星的序列，然后又出版了位列前三名的特色菜和推荐酒的版本。《米其林指南》现已发行上百万册，尽管遭到了某些记者和饭店大厨们的批评，但依然不失为美食家们最推崇和最重视的刊物。人们每年都在翘首以待它的出版，并对其观点品头论足。完成这样一本书需要复杂的组织和严格的保密工作。因为不含广告，所以需要一家大企业才能承担起不菲的投入。不过，这本书的成功还取决于民众的广泛参与。1/50的法国人都会出资购买，也许1/5以上的法国人经常使用它，不时查阅，也许只是为了做个好梦。由于高档烹饪不再是特权阶层的专利，布里亚-萨法兰才会斩钉截铁地说：“美食是社会的主要联系纽带之一，只有美食才可以将好客这一风气逐步推广，使各个阶层能够济济一堂，融合一体，活跃对话，缓和那些出身带来的不平等所产生的矛盾。”

第二次世界大战以后，人们急于忘却像瘦牛一样的苦难生活，继而又经历了“光荣三十年”的繁荣，这些都极大地推动了公众对于高级美食的兴趣。而且，法国人只有对美食才肯舍得花钱。大多数的报纸杂志都辟有美食专栏，受到读者的欢迎。法国煤气公司和其他一些锅炉品牌公司——被人们戏称为“厨子”，如阿瑟·马丁公司经常在社区影院里给家庭妇女们组织一些厨艺讲座，这样可以让更多人了解从母亲或祖母一代传下来的手艺。

随着电视时代的来临，1953 年，雷蒙·奥利维与明星女主持卡特琳娜·兰热共同主持了一档名为“烹饪的艺术和魔力”的节目。甫一播出即取得巨大成功。应该说，奥利维是这方面的专家，而且奇思妙想层出不穷。他来自于纪龙德的一个小客栈老板之家，在巴黎学徒期间，他深深地懂得首都能够给他带来的机遇。1948 年，他买下了大维福尔饭馆，因经营有方，饭馆很快火遍全城。科莱特、科克托还有其他一些名流都是饭馆的常客。在节目里，他表现得十分有权威性，有点说一不二，非我莫属的劲头，很受女性观众的喜爱。他很快就将他家乡的一些风味菜做法灌输到巴黎人的口味中。作为一个文化人，他对如何在巴黎这样的大都市将地方风味很好地加以改造做出了最好的诠释。

他讲道：“一天，摩纳哥王子皮埃尔要求我做一道菜，替换在狩猎期间传统的小山鹑。这真是天赐良机，我马上就创作了一道鸽子肉，取名为兰尼埃三世王子。那年真是丰盛富足之年，新鲜的块菰、肥鹅肝还有阿尔玛涅克的烧酒。最后作为让步，采用了布雷斯的带血鸽子，这道新创的巴黎菜包含了一系列的要素，在我看来，都是最地道的巴黎烹饪的特色。我们把这道菜的成分和技术分解来看，可以注意到鸽子是布雷斯的，但是它是按照我们西南部的方法放血杀死的，而不是被捂死的。鸽子是去骨的，这一点一方面明确了我对中式烹饪的兴趣，另一方面也照顾了美食家的舒适，因为他们不愿意为了剔骨而耗神费力。肉馅部分也很细腻，鸡胸脯肉、火腿肉的肥肉部分加香料，菜量也不过是核桃大小，配上佩里戈的块菰、兰德的肥鹅肝和泰纳雷兹的阿尔玛涅克酒。关键之处在于，在烧的时候火候一定要掌握好，与烧烤的鸡肉串正好相反，它常常需要浇汁。不过，巴黎的烹饪到底是供奉灶神的贞女式的呢？还是看门人式的呢？洋葱回锅牛肉、仔鸡羊羔蹄、文火炖蔬菜肉块，白汁烩肉或烩碎肉。总之，一切都需要细致的功夫和大量时间。巴黎就是一个熔炉，这也是一种祝圣的仪式。”

阿兰·桑德伦也是来自西南部地区，他用另一种言辞表达了同样的意思：“我常常想，我要是生活在外省，我肯定做不了这样的饭菜。在巴黎，人们确实有一种不一般的劲头，绝不墨守成规，吃起来更狂热。巴黎是个节日之都，和我们平常相比，那里的饮食更像是宫廷御宴。我的客人们都期待着新的疯狂。要求我常做常新。”

正如我们即将看到的那样，“新烹饪”的要旨已包含在这种宣言式的声明中。

从另一种意义上讲，雷蒙·奥利维也是烹饪史上重要人物。他是 1964 年东京奥运会餐饮的总负责人，是将法国大餐与远东烹调连接起来的第一人。这也成为了所谓“新烹饪”的起点。日本人开始醉心于法国厨艺，十静夫（Shizuotsuji）在大阪创建了一所学校，所有法国的大厨们都曾在此执教。通过这种旅行，他们也将从日本得到的灵感和手艺带回法国。

巴黎现象："新烹饪"

通过雷蒙·奥利维的职业生涯和他表现出的才华，人们可以意识到巴黎在美食创新方面永远占有的至高无上的地位。在外省，人们面对新鲜事物一向比较克制，他们表现得更温和、更规矩，更深思熟虑，那里没有年轻的狂热，而是充满了与传统的精妙和谐。这并非什么新鲜事：工业革命以前的建筑史、家具史和服饰史都体现了类似的特点，即使资料不全，人们也尽可体会其中奥妙，烹饪也是如此。

这场被称作"新烹饪"的深层次的潮流与1968年5月的政治风暴同时发端。当然，这场"革命"与无产阶级并无任何关联。恰恰相反，它将那些残余的"无产阶级"分子推到了资产阶级的阵营——当然，这场旗鼓相当的意识形态斗争并未完全彻底地结束——它还深刻地改变了资产阶级的生活方式，尤其是性爱和饮食的习惯，这两件事物总是紧密相关的。

"新烹饪"的起源主要出自一心想出名的几位大厨和两位富有想象力的记者，亨利·戈尔和克里斯蒂安·米欧。他们的尝试始自1960年，戈尔在《巴黎快报》上负责周末的《散步和美食》专栏，《巴黎快报》则是由米欧管理经营的。他总是力求摆脱老路子，寻找一种更为灵活甚至放荡不羁的笔法。他很快取得了成功，许多不出名的饭馆现在晚上已经宾客盈门了。即使戈尔自称与库尔农斯凯的品味和流派完全不同，但他们所用的手法是相同的，都更相信自己的发现、喜好，还有感觉；而不像《红色指南》那样，根据一些成名的店面或客人们的长期体验来操作。戈尔的语言面向更年轻的美食者，他们收入并不见得比米其林的读者低！茹里亚出版社的文学编辑，克里斯蒂安·布尔茹瓦首先出版了该专栏的集子，然后又请戈尔和米欧共同撰写一本《巴黎饭馆和小店指南》。该书出版后销售了10万册，如他们自己所言，请看“两个男人，道德高尚，喜结连理”。不久以后，他们在《巴黎快报》上的每周专栏变成了每日版。1969年3月，他们创办了一本月刊，《戈尔—米欧新指南》。

他们的手段既简单又多变：“如果我们一鸣惊人的话，并不是因为我们有想出名的意愿，只是因为在我们看来，很有必要让一个像‘丹尼斯’一样空荡荡的、不大为人所知的饭馆获得像‘拉塞尔’一样的地位，或者让圣马丁门的老婆婆小酒馆达到大饭店的水平，绒布铺桌，铜餐器闪闪发亮。到底是什么让我们这样斩钉截铁地做出这样的决定？坦率地讲：没有任何原因。在那个时代，‘美食家’这个词已经让我们，并且常常让我们喜不自禁……美食家这个词是那些老学究们发明的，这些人无非是一本正经而已……自从《茹利亚指南》出版后，我们就不断地成为爱好者……长此以往，最后就成了专业的爱好者……如果说那些贪恋口福之人，还有灶上的内行们一直发挥着影响，如同在格雷万博物馆中一样，越来越多的法国人摆脱了被占领时期的复杂程序，以及战后大吃大喝‘恶补’的做法，他们终于认识到餐饮并不是简单的饕餮的艺术，而是现代人的乐趣所在。”

这篇讲话与库尔农斯凯的论调不是如出一辙吗？埃斯考菲耶、卡雷姆、马西洛等人不也有类似论调吗？传统与现代的分歧是永恒的，这里面表现出文化再生的活力。口味与习惯的变化是非常令人欣喜的，从文学作品里可以看出来，最古老的、亘古不变的就是对“青出于蓝”的不懈追求。如果我们像戈尔和米欧那样为“餐桌上的真正乐趣辩护”，认为这首先是一种遴选，一种抉择，这可能是不公平的，或者说是有些狭隘，而且完全没有任何用处。难道他们不承认蒙斯莱或库尔王子在享用块菰小肥鸡和涂满奶油的香菇奶酪酥馅饼时感受到许多快乐吗？虽然这些东西于健康无益，但乐在其中，所有关于这类盛宴的例证都充分证明了这一点。即便有些说法略显夸张的话，那也是时代的需要。另外，比起某些一心追求时尚的大厨们的菜单来说，这种夸张也算不了什么。在那些大厨们看来，菜单里略带一些滑稽荒诞的色彩，更能证明他们熟练掌握了各种口味微妙的变化。

多少年以来，许多厨师、专业评论家、还有美食者们在攻击他们的前人或同侪时都显得非常游刃有余，人们对此多少有些困惑。对于烹饪来说，那些夸张的想法还是可以理解的，因为烹饪是需要幽默做佐料的，除了阿皮修斯和瓦特尔，没有人会为烹饪而自杀！特别是，与建筑、城市规划还有政治不同，厨师不能强迫任何人去吃他准备的饭菜。但他和画师、乐师或作家一样，必须要靠客户才能生存下去，而客户们也要对他有一致的评价。应该说，没有什么比评论更让人高兴的了，尽管有时它显得尖酸刻薄，甚至有失公允；但没有什么比死守教条对它美食的发展损害更大，因为这些条例像服装和音乐一样很快就会过时了。

“新烹饪”，人们不止一次地以此来表达饮食的时尚，戈尔和米欧是先行者，这种潮流与“六八年”后的文化氛围恰好吻合。它以其全部或部分的形式在社会各界取得了成功。除了几句不合时宜的语句外，戈尔和米欧以其亲切、诙谐的风格为那些具有想象力的大厨们所在的饭馆吸引了大批的新派小资，他们如果没有阅读那些文章，肯定不会越雷池一步。继戈尔和米欧之后，整个媒体都动了起来。

在1973年，他们在杂志上发表了“新烹饪”的10条法则：不要烤得太过火；选料要新鲜、优质；菜单要精选，不要太长；不必时时追求现代风格；不过要注意吸收新技术；尽量避免使用腌泡醋渍汁、久藏后略微变质的料以及发酵等等；不用发褐和发白的调料汁；必须掌握饮食营养学；介绍时不能弄虚作假；要有创意。

有人声称，“新烹饪”根本就不存在（主要是那些只知道杜格雷勒菱鲆和老式白汁牛肉的厨师），还有人说“新烹饪”已经过时了（这些人已经取得了一点成就，正准备再接再厉寻找新的灵感，但还没有得手），还有一些人态度更骑墙，装作对“新烹饪”一无所知，然后诚心诚意地宣称他们只知道两种烹饪：好的和差的（这种水平和分辨钢琴里的高音区差不多）。

总之，“新烹饪”在媒体取得了空前巨大的成功，那些及时加入这一潮流的厨师都变得和女高音歌唱家一样出名，而此前，只有雷蒙·奥利维通过电视才在公众面前享有如此的威望。这主要在于他的观点与文化氛围始终保持和谐一致：主要体现在重新恢复对身体、自然、真实的崇拜以及富于表现力的词汇的地位。

身体：埃斯考菲耶式和库尔农斯凯式的大手艺不再符合营养学的原则，也不符合人们美容的需求。社交上的成功早已不再通过奶油圆球蛋糕是否好看来表现了，简·比尔金是14世纪的宫廷梳妆女官，她的简氏身材是当时女性美的理想境界。让-保罗·阿龙曾以比较幽默但又无可置疑的手法概括地描述了服装时尚，特别是男性形体的重新塑造与新烹饪之间的融合趋势："在路易-菲利浦时期，一个身份重要的人物同时体重也很可观。因为他脱了衣服，妇女的细腰和平坦的腹部要和他形成鲜明的对比，无论如何，首先是食物要符合人体的营养与审美要求。"

因此，米歇尔·盖拉尔率先提出的"减肥大餐"取得了成功，然后众人纷纷仿效。上菜的分量明显减少，油脂类的物质基本撇清，汤汁被清爽的果汁所取代，蔬菜重新受到广泛的欢迎，而淀粉则受到了冷落。但是，如果卢瓦佐用水做饭，盖拉尔用石蜡油做菜——至少是其减肥配方如此——其他的大厨们仍然遵从祖训，在每个餐桌上都摆放一块或一板精细黄油，或用黄油调好的汤料、底料或汁水，另外还有加工餐前点心、糕点的原料，以及奶油和全脂奶，那么费尔南德·普安当会灵下有知，喜不自胜，顾客们仍在高高兴兴地大嚼特嚼这些东西。

自然：布里亚-萨法兰和库尔农斯凯有一条老规矩，"真正的烹饪就是原汁原味。"这一条在"新烹饪"流行之时比任何时候都更受欢迎，即使从现在看来这规矩比过去更虚幻。厨师们都自称会确保基本原材料的新鲜，既时鲜又公道。外观也是受日本菜的启发，而日本菜也是来源于自然的神道崇拜。继俄式服务、法式服务之后，日式服务盛行一时，它排除了顾客们的任何奇思妙想，色、香、味，一切都由大厨们全权负责。这次变革是无数次往访日本的成果，20多年来，许多法国名厨都从中受益不浅。因为不仅涉及外观和造型，而且影响到烧煮的具体技术。阿兰·桑德伦的一道名菜“SHIZUO三文鱼”或“回归日本”，即是用酱油加黄油调制而成，许多同行对此的评价或多或少都有所保留。

使用大盘子是一种新的作法，上菜的时候还要在上面扣上一个大银盅。厨师把银盅一放，就表明这道菜是他的作品。这种作法有其坚定的支持者，当然也有猛烈的反对者，拉雷尼埃尔在《世界报》专栏上经常发表批评文章，如同当年安东尼·卡雷姆激烈反对俄罗斯式的做法一样。区别之处在于，时光如桥下流水，逝者如斯，那些抵触和反感很快就被历史遗忘，评论界也需要做出妥协。拉雷尼埃尔本人也频频地恭维着当今的一些大师，罗比雄、桑德伦，还有很多其他使用着这种技术的厨师。

以前在做菜时或浇汁、或加馅、或装点一下，有时外热内凉或内热外凉，或加层脆酥皮、或用薄肥肉片包盖等等作法也会给人惊喜。做野猪肉的传统是，每次打开猪肚时，里面或是乳猪、或是阉鸡、或是鹌鹑、或是雪鹀，有时甚至是只活禽！而且菜都是放在汁上的，不是相反。要靠自己的眼神来分辨盘子里的一切物品，实在不行，只能借助长篇小说一样的菜单。

这是当代文化的主流。远离虚伪，实话实说，好像与暴露癖没什么差别。在建筑装修中，大梁外露，石板擦划屡见不鲜，高科技手段的装饰风格比比皆是，流线型的牛仔服随处可见，满嘴粗话，肆无忌惮地表达情感，这些都象征着“六八年之后”的潮流是在追求着绝对的真诚。贝尔纳·亚历山大神父细致入微地描述了他住宅的装修史：“本堂神父的宅子是16世纪时类似地主的小宅院，装修得十分粗糙，19世纪的时候外面又粗涂了一层灰泥，变得十分难看。‘五月革命’带来了新的机会，一切都要追求本色：需要真实、原汁原味……让欺骗和伪善见鬼去吧！我也加入了进来：一下一下地敲、一点一点地捶，把那些层叠堆积的又厚又黏的外层刮下来。”

但是法国厨师们和他们的顾客的这种想法并不容易实施。并不是所有人都需要，法国烹饪像所有的文化一样，轻松愉快地培育出一种自相矛盾的东西，既严谨细致又轻浮随意。克鲁德·列维-施特劳斯曾说：“一个社会的烹饪就是一种语言，它会在无意识当中反映出社会的结构，不用了解得更多，它甚至会透露出其中的矛盾之处。”当今最伟大的厨艺就是对法国人与真理之间暧昧的游戏最完美的阐述。按照“大手艺人”约尔·罗布雄——他毫不客气地拒绝接受“艺术家”这个称号——他做了一道大拼盘，有新鲜鳕鱼、土豆、菜花，在鳕鱼上浇了一道鲜美的菜汤，一味浓浓的汁，把土豆泥做得像一口真正的黄油，在菜花汁下面铺了一层厚厚的鱼子酱，最下面是一层龙虾冻？法国菜不忌口，同时又追求着刺激新奇的效果。饭店里的烹饪创意层出不穷，不断推陈出新，而家常菜则日趋贫乏，因为妇女工作压力日增，现代住宅的格局里又压缩了厨房和餐厅，导致平常只能吃一些最普通的饭菜。

最后，喜爱用动词是理解法国“新烹饪”的另一个关键要素。厨师们不喜欢成为歌唱家，他们更喜欢用语言表达，但他们很少能够做得和说得一样好，因为他们总是非常愿意摆一摆权威的架子。让-保罗·阿龙曾抨击过20世纪末的这种废话连篇的做派，将其视为最糟糕的原罪，那些最时尚的饭馆里没完没了的菜单也可以做个佐证。他认为，让顾客在一个矫揉造作的菜单上进行选择的想法纯属本末倒置，罪莫大焉，因为那些词看着都饱了，舌头尝味的功能已经完全被转化为喋喋不休的工具。其实这事并不新鲜，随着记者们一拥而上，盯住最喜欢上镜的大厨们的生活、作品和排场时，说多练少这种现象就越来越普遍了。

“新烹饪”的传播

“新烹饪”从巴黎诞生，这个新时尚仅用了几年就传遍了法国全境，对一种文化现象来说，这可是前所未闻的速度。当然，这也主要归因于信息传播的速度在不断加快。很久以来，服装潮流就是瞬息万变、难以捉摸，人们可以从这种永恒的变动背后梳理出经济和文化的缘由。民歌、流行语、文学作品都要遵循严格的规则。一种风格长期不变很容易受到苛刻的评审者的严厉指责，视之为墨守成规。烹饪的进化周期似乎要更长久些，直到20世纪70年代，那些高档饭馆里的菜单只是缓缓地发生着变化：每年只更新一两道菜或稍微多一点而已。因此，拉塞尔的橙子焖鸭自半个多世纪以来，无论是菜色和口味都没什么变化，而饭店的顾客们每年都会换上不同的新衣。这一点外省比巴黎更为明显：费尔纳·布丸的虾尾干酪丝或是布拉兹耶大妈的黑蘑菇嵌馅鸡都是真正的纪念碑式的佳肴。

突然之间，菜单常换常新成为饭店质量的一种标准，所有的大馆子都步调一致，甚至有过之而无不及。在20世纪70年代，龙蒿曾一时走红，之后进入了“香芹时代”，鳎鱼则为三文鱼铺了条康庄大道。今天，当我们面对在峡湾里人工饲养的平淡无味的鱼群时，我们更愿意吃鳕鱼、火鱼，甚至沙丁鱼。浓厚的酱汁被清淡的调料取而代之，基本不掺黄油！旋风在巴黎沉淀成形。雷蒙·奥利维耶写道：“当我到巴黎的时候，（顾客们）对美食的喜好已经开始较明确了，主要是蛋黄酱龙虾、贝亚恩式泡苹果、夏多布里昂牛肉……顾客们看不上其他任何东西，也许他们吃不了，也许他们根本就不知道，真是没品位。比如，我在店里引入了一种斑尾林鸽，如同在朗贡一样带着血上给顾客：因为只有这样才能保持其鲜味，但巴黎的顾客都会要求重要煎炸一下。”

奥利维耶认为，“新烹饪”得到推广的另一个催化剂是旅行：既有顾客，也有厨师。他写道：“在巴黎掌勺的33年中，我经历过的某些时期与画家的一样……从墨西哥回来之后，我尝试着做一些辣味菜，主要以玉米为原料；去了大洋洲之后，我又开始做生鱼或至少是葡萄酒浇鱼脊……口味不断地再进化，近几年来已达到著名的‘新烹饪’的境界，也就是追求创新。每个人料理菜肴的方式各有千秋，这才是真正的烹饪，自家菜总要与邻家有所不同。”

然后，他又写了关于巴黎的高级烹饪与外省的显著差别：“我认为巴黎的烹饪有着特别的质量，因为这里从来不会像有些地方那样只图方便。在外省，人们要是饿了，只需提个想法就可以让人垂涎三尺……而在巴黎则截然不同，我说的是高级饭馆，客人不会感到饥饿，他像在自己家里一样享受着体面的服务。他在饭馆里有一张非常丰富的、富有创意的菜单。”

这几行文字写于 1982 年，如今已经过时了。这期间，各种创意在法国全境呈现爆炸式的发展。戈尔和米欧，既是“新烹饪”的推动者，也是评判者，他们于 1977 年决定在《指南》中将饭馆分类，凡是提供传统菜肴的戴“黑帽子”，而创新型的饭馆则是“红帽子”，后者当然属于被推荐的类型。在 1988 年版里，事情发展的异常顺利，“红帽子”饭馆越来越多，而“黑帽子”饭馆则用一只手都数得过来，但它们都有三到四顶帽子（档次很高）。当然，这种观点显得有些主观，不过，它确实表现出源自巴黎的文化气息向全境传播的迅捷（如图）。

米歇尔·盖拉尔是让·德拉维在布吉瓦尔的一个学生，他是“新烹饪”的先行者之一。他于 1965 年在埃涅尔开了一家幽静的小饭馆，取得了成功；1972 年，他又退隐至欧也尼—雷—班，来到朗德一家同样幽暗的温泉中心，为此地的再度辉煌和成功做出了巨大贡献。自此，世界各地的人都蜂拥而至，品尝伟大的瘦身烹饪大师的杰作。其实就是从 20 世纪 60 年代末期开始，传统的外省烹饪重新焕发了生机。

巴黎—里昂—地中海这条皇家大道第一个受到了影响。保罗·博库斯在高龙热，让和皮埃尔·图瓦格鲁在罗昂，然后是阿兰·沙贝

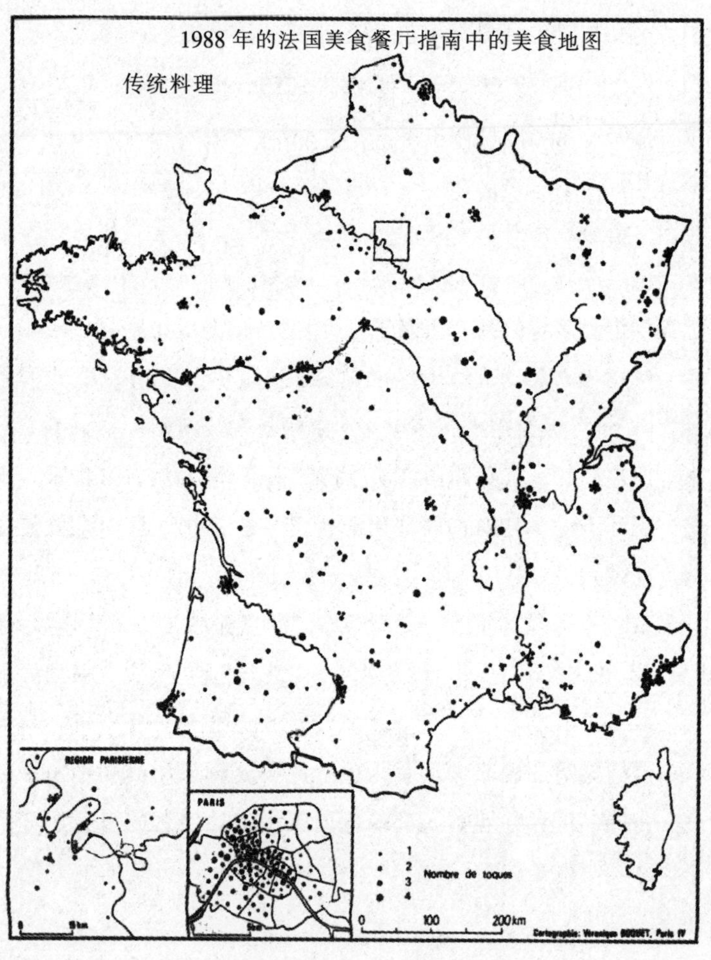

1988年的法国美食餐厅指南中的美食地图

传统料理

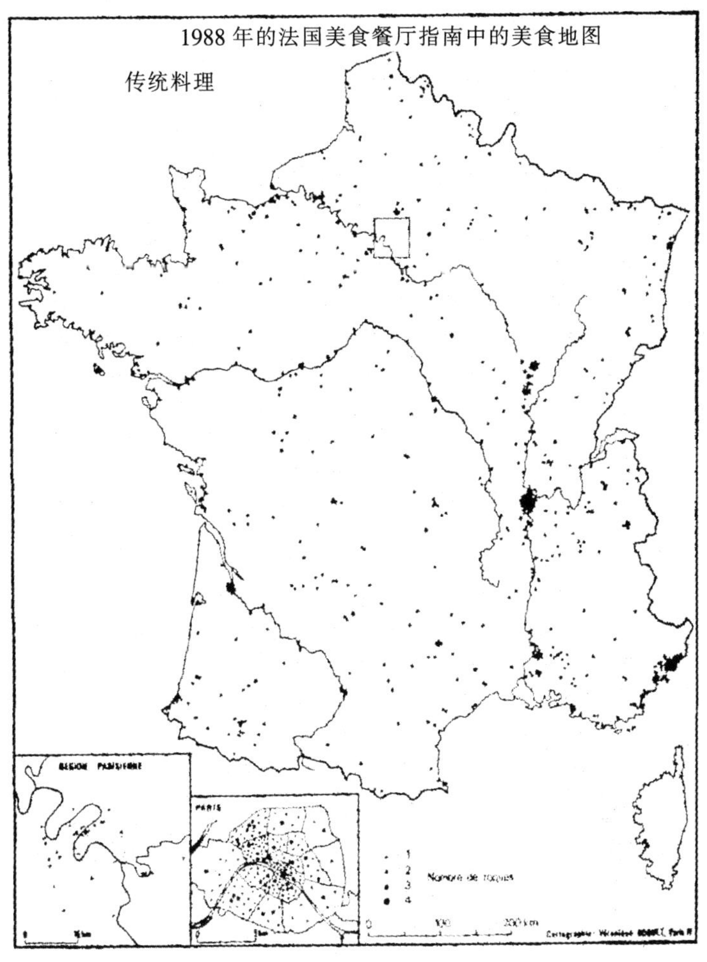
1988 年的法国美食餐厅指南中的美食地图
传统料理
PARIS
1
2
3
4
0
100
200 km

尔在米奥奈，乔治·布朗在沃纳，雅克·彼克在瓦朗斯，还有另外几位（如哈伯林在伊拉霍森），他们都把从费尔南·布丸或亚历山大·杜麦恩那里继承下来的秘方都进行了现代化的改造。在那个时代，这些功成名就的大师们和衷共济、相互支持，避免了很多同行相轻的现象，并逐步酝酿创立了高级烹饪联合会。其实我们没有必要把他们捧得很高，这对任何人都没有好处，但必须承认这些大师们为追求创新做出了卓越的贡献，同时他们也运用了商业的头脑，这其实无可厚非。对此我们表示赞赏，为什么要像某些人那样无端地指责他们“要大牌”，如某些忧郁的作家那样呢？他们丝毫不掩饰对于出名的热衷，希望受到公众的瞩目，这些似乎略显幼稚，但要想到他们之前的多少代先辈们都是默默无闻，所有人都曾付出过巨大的、难以估量的劳动。其中某些人的事业本该如日中天，但却英年早逝：比如让·特瓦格鲁，或是1990年的阿兰·沙贝尔。阿兰曾清清楚楚地道出了业中的秘密，“其方法就是紧跟潮流，努力工作，同时让人深信人的生活悠然自得”。仅此而已吗？大厨们的错误与他们的手艺总是相称的，如果我们要坚决地对他们的某些作法进行严厉的批评，他们同时也应当得到人们的喜爱，只有这样才能鼓励他们的创意，催生出更好的作品，最终让客人们满意。

一个好厨师的成功，部分因为借助《指南》或媒体的宣传——从此不再取决于他从业的地点。米歇尔·布哈享有各种荣誉，拥有国际上的一些客户……但他在拉吉奥尔，位于稍显荒凉的欧布拉克中心地带。到那儿去，无论从什么意义上讲都是一种冒险，如同雷吉斯·马尔孔在圣-伯奈-勒弗鲁瓦一样，该地位于威瓦莱和维莱的交界处，终日雾气弥漫。难道是顾客们故意附庸风雅吗？当然可以这么说，不过要从英国人的角度来体会其中的含意，也就是说，一种执著促使他们不顾一切，走上这条无法通行的路，期待着能享受到一顿令人惊喜的美味。

在巴黎，则恰好相反，乡情对于高档厨艺的爱好者们根本没有影响。阿兰·杜图尔尼耶由于未能成功地将大饭店的客人或商贾们吸引到多梅尼尔广场来，只好将饭馆开到了利兹饭店、莫里斯饭店和洲际饭店所在的街面中间，而“女士”则一如既往地向巴黎东部的顾客们提供满意的服务。巴黎最东边的饭馆“阿皮修斯”开在了乎日广场上……这里几乎就被看作是郊区了。最北边的饭馆是勒博维利耶的爱德华·卡里耶，它的优势在于占据了蒙马特高地的一侧。其他的都集中在金三角地带和西郊。没有什么比这样更自然的了：有钱的食客们休假时可以去找些乐子，幻想着身处于中央高原的高地之上，但这需要他们更多的想象力才能感受到在伊夫里或奥伯维尔市自上而下坠落的快乐。其实，像那些普通人偶尔享受一次盛宴，像过节一样才更有实际意义，“美丽街区”对他们而言并非仅是说说而已。阿尼埃尔的米歇尔·盖拉尔拿手的蔬菜牛肉浓汤是个特例，电视上常常有所介绍。

当前流行的一些高档烹饪的原则由于厨师们的流动而广为传播。大师们常常出行，而二级师傅们，某一类菜的主厨或伙计们则从这家饭馆到那家，带去老东家的所有家底。凡是身体健康，在上级面前显得乖巧，在下级面前拥有无懈可击的权威，有一些灵气且干活卖命的，很有机会在 40 岁左右开一家自己的饭馆，进入大雅之堂。

许多人参加了“环法自行车”赛，他们的思想和手法比以前更快了。这就是为什么有些大厨在公布自己的配方时总是忸怩，不太情愿，这是这一行始终都存在的“夜郎自大”型的做法。今天，中央一级的管理机构已经对某些专利进行了保护。所有比较关注烹饪古籍的人都会很容易地看出，没有一个菜谱是真正的原来的配方。其实，真正的争夺并不在于此，而在于原料的质量。

结束语

食物也有灵魂：法国的前景

法国的美食目前正面临着一些困境。人们从没有像现在这样关注烹饪的发展和厨艺的创新，也从没有出版过如此众多的关于美食的作品——既有学术性的，也有通俗的。而且，人们也从未像现在这样少地在家做饭了。每天都有新的快餐店开张。就在去年，号称法国美食之都的第戎，市中心最棒、最大的面食店将铺面盘给了一家美国的无菌食品代理商。难道法国人的食物就这样失去了魅力和灵魂吗？高谈阔论将取代现实吗？也就是说，不需要做任何的准备的东西能勾起你的食欲，但却无法让你满足，特别是美食将发展成像刺绣或涡轮状装饰物一类的东西。布里亚-萨法兰难道比不上那些小玩闹一样的小点心吗？这个问题确实值得引起重视，因为它事关我们的生活方式、文化和经济生活中十分重要的一部分，而这些都是我们祖辈相传、长期积淀的成果。

法国，你要用美食做什么？

“我认为，90%的客人对烹饪艺术一窍不通，”饭店老板安托瓦内·万图拉如是宣称。他是这个低调的行业的代言人，据信比其他人更能够准确地把握法国人的饮食动向。他的话实际上是被同代人伤透了心的人前辛酸反思，他为他们奉献了所有的心血和才华，希望他们能够真心实意地体会出厨师在货真价实的饭馆里付出的辛劳！不幸的是，他的观点并不孤立。已故的评论家亨利·威亚尔也感同身受，快餐的发展太令人痛苦了。约尔·罗布雄是当代烹饪界最敏感、最低调的人，也不禁叹道："只有很少一部分法国人才有细腻的品位。法国人自以为科技已经渗透到美食和葡萄酒的方方面面。其实这是大错特错。法国是世界上位列前茅的葡萄酒生产大国，而法国人却对葡萄酒一无所知！相反，我对某些外国人在这方面表现出来的知识层次十分惊讶。比如说瑞士人，他们是绝对的内行。日本人也被一种真正的好奇心驱动着：日本人在品尝给他们上的葡萄酒时，十分仔细地去理解和品味。这才是细腻。"

据说，约尔·罗布雄的客户们是更明白其中的道理。出于商业原因的考虑，约尔不愿意得罪顾客，但在问到有关顾客的问题时，约尔还是忍不住直言不讳："可能会让你吃惊，既有学识、又有精致品位的顾客是越来越少了。这可和社会阶层的问题无关。各种各样的人到我这里来，其中最穷的并非是最无知的……在我的接待室里，如果有20%，甚至10%的真正的内行，我都会心满意足了。"

米歇尔·盖拉尔也同样感到忧虑："法国人自以为有令人称奇的品味，其实他们常常是熟视无睹。我们只有不到10%的厨师具有品酒的技能，可所有人都自认为是专家，每每想到这些，我都感到十分担心……如果要确定一个内行的法国人的比例，我认为绝对不会超过15%。大多数人只是饱食而已，根本不懂得他们吃的那条鲭鱼到底烧得如何。不过还要说一说那些厨师：他们中的大多数人并非是美食家，干这行纯属浪费时间。”

伊普索斯民间调查机构 1989 年发表在《戈尔—米欧》杂志上的调查结果确认了上述观点。1%的受访者能够准确地回答十余个简单的问题，37%的人能够回答 5 个或更多一点的问题，只有 12%的人知道四味主要指咸、甜、苦、酸，42%的人能够说出 3 种不同的土豆，5%的人知道不能把奶油加入贝亚恩鸡蛋黄油汁中，28%的人能回答出阉鸡就是指把公鸡阉割并且去油。更令人感到惊讶的是：47%的人不知道罗克福尔奶酪是用什么奶做的，90%的人不知道发酵是怎么回事，多达 97%的人回答不出博若莱葡萄酒是用洛林葡萄酿制而成的！有人反驳说，这种测验有些过于专业化和学术化，结果并不能反映人们对于口味的识别能力。不过，法国人还是表现出了一种对于他们所吃的食物特性无所谓的态度，现在食物的标签信息量越来越多，媒体比以前更加重视这些问题。

有些作家是比较悲观的预言者。他们认为这个趋势很难有所改观，法国的美食烹饪将在食品工业负责人的掌声下冒出最后几星火花。让-克洛德·马塞尔发表的一篇辛辣且极具说服力的文章中也持同样悲观的论调。对他来说，含氟的肉和蔬菜，端上来时已经没什么内容，摊鸡蛋做得像手袋，还有用汽熔胶做的巧克力烘掼奶油，上述种种基本上要取代市场上所有的新鲜产品。食品工业完全控制了食品供应链，从农业生产、农业食品科研、宣传、营养搭配到最后销售。最著名的那些大师们往往都受制于大公司雇用他们时签署的合同，也许做个顾问，更确切地说是个“挡箭牌”：盖拉尔在芬迪丝集团，罗布雄去了弗勒丽—米雄，杜图尔尼耶去了不二价连锁店，米歇尔·奥利维耶在卡西诺，等等，他们中谁也不会在自己的店里制作签名的船形糕点了……马塞尔为此发出了愤怒的吼声："30 年来，我们的政府实施了盲目、强制、系统的工业化政策，无论从哪个角度讲，都残酷地破坏了我们的文化遗产、生态平衡，威胁着我们的健康，导致了成千上万人的失业和贫困，污染着我们的身体和精神。我这样说一点都不夸张。"

以上说法是否有些牵强呢？这位旅馆和饭店专业的教授是否仅仅是在表达他对那些被人追捧的大师们的嫉妒，还是对过去好时光的一种留恋？如果说食品工业的强大力量是个新生事物的话，对于过去美食的怀念则远非如此。总是有一些厨师、一些作家、一些美食家认为过去要比现在吃得好得多。1858 年 3 月 27 日出版的《巴黎信使报》上有人写道："一顿美好的晚餐，现在已经是可遇而不可求了。美食已经像诗歌一样，完全走了下坡路。"我们无须逃避让-克洛德·马塞尔提出的这些一针见血的问题，应当承认，我们杯、盘里的食品和饮料确实令人感到不太和谐愉快了。

不要忘记，就在 10 多年或 20 多年前的那个时代，妇女一般要花上一些时间在家做饭，大部分法国人每天勉强吃饱，花样很少：几乎没什么肉，白菜土豆汤，碎面包，饮料就是水，有没有那种劣质酒都令人怀疑，半年里都没有什么有营养的食品。那时都是天然食品，当然，但也仅仅是在某种程度上是健康的。用盐腌或熏制的方法来保存猪肉并非一年四季都管用，土豆时间长了会发芽，谷物和蔬菜也很容易发霉变质。也许，城里的饮食要好一些，但是工人们也不过是吃盒饭，尽量加一下热，用手抓着吃。至于学校和企业的食堂，除非是饿极了才会光顾。即便是不愿意接受现在的一些作法，我们也可以回忆得出，在20世纪60年代，大部分的鸡都有鱼粉一样的味道，因为那是它的饲料，小牛肉肯定是打了激素的，海鱼也只在巴黎能买到新鲜货，奶制品的质量很不稳定，要跑很远才能找到勉强可用的冰镇奶油。最早的工业食品确实没什么味道，甚至还会有些药剂味（甜食、罐头咸牛肉、人造奶油、西红柿酱、块肉糜等等）。还记得起当时大多数法国人喝的葡萄酒吗？朗格多克葡萄酒掺上阿尔及利亚14度酒！在饭馆里，厨房简直就没法进，厨师们的健康受到了极大的损害，就像那些常吃烤糊或烧过（以免中毒）的菜，好吃西班牙黄油的人一样。

不过，还是有一些家庭主妇通晓如何做蔬菜汤、面食、土豆蔬菜牛肉、焖肉、白汁肉、勃艮第洋葱葡萄酒烧牛肉，馅饼还有其他各地方的特色名吃。当然不是全部，差得远啦！有多少穷人或不懂得烹饪艺术的人只能凑合着吃些新鲜食品。天天免不了吃顿面条，或者煮土豆，或是油脂含量极高的土豆条？让-克洛德·马塞尔对这些事实视而不见确有偏颇之处。这样就削弱了他的说服力，导致他所批评的那些企业家和厨师们也只是对此耸耸肩，而不会进行深入的思考。法国的农业食品工业和其他的经济活动一样，追求利润的最大化。食品工业的发展很好地满足了法国人大量消费肉类、奶制品、各式各样的沙拉和蔬菜、糖类、肉制品和熟食的需要。我们不能否认，农业食品工业取得了成功。首先是提高农业收益，鼓励农民多产多收，在历任农业部长、在布鲁塞尔的欧盟委员会以及农业工会联合会和全体农民的支持和推动下，农业取得了前所未有的进步。人们可能会忘记这一进程牺牲了质量，或者说，产品口味的丰富性受到了一定程度的损害。就这方面而言，敲响警钟十分必要，当然也包括让-克洛德·马塞尔有失公允的评价。没有什么东西是致命的、无可挽回的。法国人仍然拥有他们可以接受，或者说得刻薄一点，实至名归的食物。法国人的骄傲、住房、政治家和艺术家等等莫不如此。

不过，形势还是有些严峻。没有多少法国人懂得去选择或品尝，某些厨师或很多的农业食品公司和销售商利用了他们的无知，有时是他们的附庸风雅。就是这样！不过，只需做一点工作就可以扭转局面。政治家或农业方面的领导人如农业食品工业负责人的意愿，还有精心组织的一些讨论和宣传，如同我们对一些远不如此事重要的话题所组织的讨论一样。形势也从来没有像现在这样有利，国家经济繁荣，意识形态上的专制主义彻底消亡，人民对内在的文化的需求与物质需求同样旺盛。法国社会重振美食文化的优势要远比想象的多得多。

品味的辩护书

法国人越来越清楚他们在历史的进程中其实从未忽视过品味，因而又重新将这个在某种程度上已被废弃的概念赋予文化的内涵。把握感觉，也就是分辨所吃所饮如同练习音乐或绘画一样有助于开发智力，而且像其他所有艺术门类一样令人享有无限且高尚的满足。

这一点人们说得还不是很充分，而且持这一观点往往会遭到那些自认为有教养、有学识或者超越物欲的阶层的人的耻笑。

儿童心理学家马蒂·奇瓦系统阐述了这一观点的有关理论，而葡萄酒工艺师雅克·彼依赛进行了实践。他们两人都懂得如何深入浅出地让那些有心阅读他们著述的人尽快地理解。马蒂·奇瓦写道："根据结构甚至感觉器官和神经系统来看，品味和嗅觉一样，具有深沉和感性的色彩。"而雅克·彼依赛和卡特琳娜·皮埃尔则认为："一个儿童如果终日只是以大米和奶油巧克力为食，那么他的感官系统会十分纤细和脆弱，很难充分和谐发展。即使他并未有什么明显缺陷，但就从他对成人的反应来讲，或者会直接生硬，或者会过于懒散，其实每个感觉器官都是独一无二的，任何缺陷都是很令人遗憾的。在品味意大利斯特拉地利伐提琴的工艺时，成千上万的细胞在发挥作用，应当运用智慧来驾驭，而不是像无知的年轻人一样鲁莽地对待这种精细的乐器。"

雅克·彼依赛讲了一个故事，很清晰明了地阐述了感觉的营养学与文化之间的关联，他说："我曾和马蒂·奇瓦教授一道工作……一位年轻的妇女拦住了我们并问了以下这个问题：'我的孩子，一个七岁，一个九岁，他们不想吃饭，我一直在找一种药，试图改变这种状态……'于是我问她：'你喜欢做饭吗？'回答得很干脆：'不。'我向她解释：'在他们非常年幼的时候，每每看到你拿着炒锅柄做饭似乎像是在受罪，他们怎么可能还有兴致上桌呢？你的孩子从妈妈的脸上看不出任何快乐的表情。'这位母亲受到了一些震动，然后说：'那么难道是我的错？'我的回答也很干脆，'是'。"

殊途同归，生物学家让-玛丽·布尔通过其他途径也得出了同样的结论。他主张一种轻松的脑营养学，也就是智力营养学。他认为：“只有精心挑选的食品才能健脑，护脑，促进其发育。只有一种合理的饮食才能让机体正常发挥作用。”

他对快餐食物和饮料造成的长期影响所做的分析让人不寒而栗。

我们现在还无法很精确地掌握从食物如何转化到思想这一复杂的链条，这也是当前神经生物学研究的主要课题。现在可以确定的是，如果没有吃饱的话，大脑就无法确保身体与思想的协调。我们还知道，人的需求是非常多样化的，过分限制脂类、糖和盐会产生危险，更不用说无可胜数的蛋白质、维生素、微量元素等等。人和他的大脑就是由他所吃的东西构成的，这可不是心血来潮（请告诉我你吃了什么……），这是生物学的事实。根据动物实验，我们知道神经元和神经中枢有时会出现停顿。另外，让-玛丽·布尔坚决地支持一个观点，即食物是可以使人愉悦的，而不是仅限于机械性地吸收卡路里。他主张实施真正的大脑营养学，将生化平衡与追求生活的快乐有机地结合起来。

这个观点还是比较站得住脚的，尤其是因为它并不指向任何一种万能的配方，尤其是不会指向一种道德说教式的营养搭配。让-玛丽·布尔认为：“当让科学来组织我们所有餐饮的那一天，这个世界将停止转动，因为人类已失去了生活的希望。特别是不要忘记大脑是对美食产生审美乐趣的器官。”

如果对大街上的过客阐述激发智力与丰富营养之间关系的学术理论，似乎有点学究气。不过，这却是目前唯一能够阻挡放弃传统的言论。要让那些家庭妇女们多读（饮食）类的杂志和专著，将他们的孩子培养成诺贝尔奖获得者、博古通今的教授、心理学家、儿科医生、职业教育家。还应该告诉她们，如果她们总是忽视对孩子味觉的培养，那些可爱的宝贝儿们就可能会变得智力低下、体能衰退。从怀胎时到哺乳期母亲不忌口是孩子健康发育的主要途径，请她们充分理解这一点的重要性。比如说，为什么有些母亲在儿童感官发育的重要阶段禁食大蒜和芦笋呢？将面粉和小燉锅视作简单的补充物或应急物，这并不算是对社会进步和妇女解放的羞辱，恰恰相反，体现出我们对妇女的重视。我们现在十分重视开发婴儿的智力，应该让那些负责人对此有所触动。

家里能够而且应该恢复的，学校做起来似乎也没什么困难。这是阿尔弗雷德·麻姆和雅克·彼依赛在法国品味学院试图证明的一点。该学院坐落于图尔。这里的主要活动之一就是在学校组织关于启发 8 到 12 岁儿童感官的系列课程，这些课程让孩子和老师都感到十分满意。巴黎的大学最近和他们合作开展的一个项目取得了成功，主题是：为什么不组织一场全国性运动？

对于孩子来说适用的，在很大程度上对于成人也适用。什么时候学会做一日三餐都不嫌晚，只要别把它当作受罪，而是日常生活中最激动人心的时刻。这既是一种乐趣，也是对世界的认知。每个人最感亲切的味觉、嗅觉与乐感和绘画艺术一样，都是可以日臻完善的，而且不受年龄的限制。我们可以想象一下堂·佩里孔先生在临终前对于感觉的精妙把握，“这位绝无仅有的先生在日渐衰老时仍然拥有对味觉非常独特、准确的感觉，他可以在尝葡萄的时候说出它的产地。有人给他端来一篮子从各地采摘的葡萄，再加上库米埃尔地区的，他逐个品尝，并根据其产地进行分类，并十分自信地评点用哪种葡萄才能酿制出最上乘的葡萄酒，当然，夏天的温度和秋天的湿度同样也很重要。”

从餐盘中和酒杯中体味感觉并将之转化为激情，这才是充实的生活，摆脱物欲的纠缠而追求天人合一。不过，为了达到这一境界，需要做出努力（这并非是反思）。应根据具体情况、自己的健康状况、情绪、同席而坐的饭友、所处的地点、季节、时令等等因素调整食谱。再强调一下，钱的问题与这种哲学毫无关联。因为那些如假包换的营养品比具有“真正品味”的食品要昂贵很多——这是雅克·彼依赛常用的词，而这种食品也不过就是像黄油面包夹摊鸡蛋那么简单。不要受制于任何所谓的质感（如柔软），或口味（如甜度）。酥脆、黏稠或苦涩都会引发每个人的强烈的感觉，无论是达官贵人还是升斗小民。

阿兰·夏佩尔曾记录了他在莫里延度过的童年假期。他绘声绘色地描述了他所忆及的激情大餐，那与某些戴着无沿高帽的大师傅们所上演的情节剧完全不同。那些人可都是满腹的专业知识和艺术造诣，但对身处的环境却一无所知：“黑麦面包、蚕豆汤、炸薯条、鲜美的肉丸子，黄油、萨伏瓦高山草场作的干酪，一切都说明那儿只有这些可怜的东西，不需要任何的托辞、掩饰和幻术。这些东西都是实实在在的，直至今日依然历历在目，但对于某些大师傅们来说已经忘却了。在阿尔比耶，无论什么时候，在既无水晶又无装饰的餐桌上，我都会深深地懂得烹饪不仅仅是那些菜谱，哪些东西是最重要的？是那些场景、面孔、普通人家的气氛更是扎根在脑海里挥之不去。这种莫大的幸福，远远超出了吃饭本身。人类的真诚已经超越了经济的拮据和捉迷藏的游戏，人类的真诚就像回忆中那些实实在在的东西，蚕豆、黑麦……”

之后，夏佩尔又满怀激情地描写了真实的地理环境：“像保罗·博库斯这样的厨师，他们成功的机会在于拥有真正乡村式的教育。他们在那里起步已打下了很好的底子，这种教育让他们从根本上远离了迷失在混乱中的投人所好的行为。大家都知道，现在有些厨师自以为是首创者，自吹自擂地在莱比纳烹饪大赛上炫耀他们的块菰奶油冰淇淋，或是尚蒂依奶油层状鳎鱼。他们自得其乐地自以为发明出前人未有的东西。这些东西不可能产生于太阳的光辉下，而是出自于奇思妙想的幻觉中。就凭着这样的手段，他们炮制出了一堆既没用又复杂的菜，就像亚历山大体又臭又长的侦探小说。这些做法与因地制宜背道而驰，对于土特产品的做法来说，要求厨师准确地熟悉和了解他所在的地区。厨师不应一味将不惜代价地追求奇特作为首要目标，而应把握住美食遗产的精华，不停地挖掘烹饪艺术的特色，不断去探寻最深刻的主题。”

美食地理和地理学家的美食

法国人对于本国的美食地理有一些很明确的观念。这多少是受了伊弗普民调研究所进行的调查的影响。这项调查已经过去了 13 年，但其结果却与现在并没有很大的差别（参看地图）。在向受访者

各地居民对不同食物的喜好

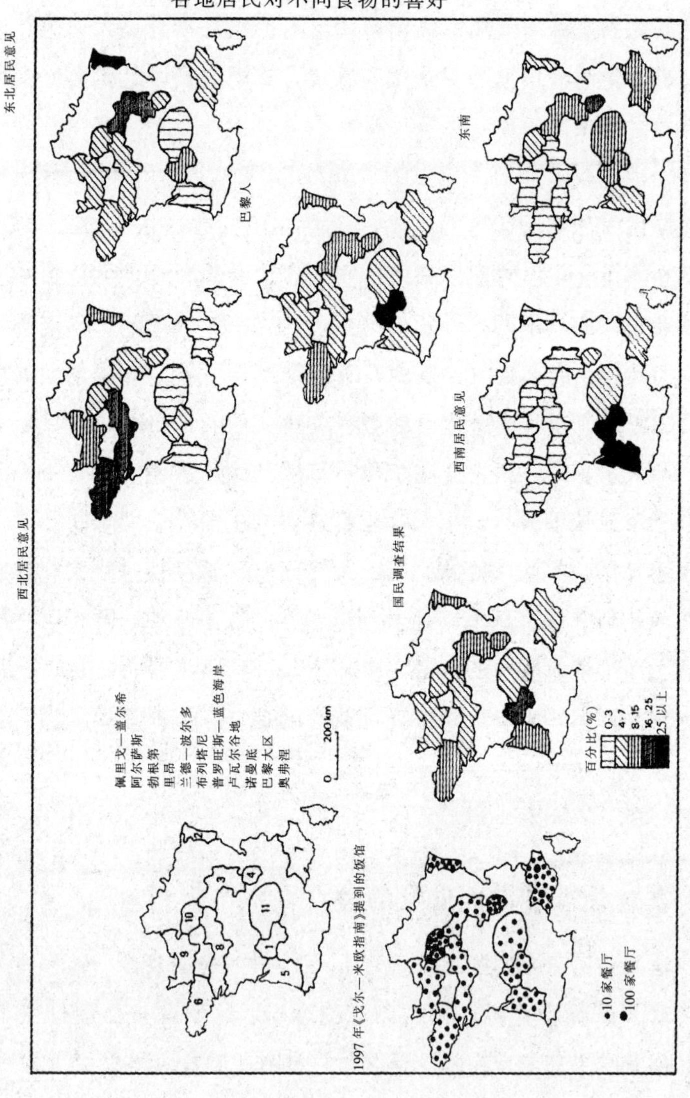

推荐的各大地区中，佩里戈得到了大多数的选票。从带有星级的饭店分布来看，这个观点根本站不住脚。不过，事实上在整个西南地区，有不少味美价廉的小馆子。另外，佩里戈是盛产肥鹅肝和块菰的最古老的地区之一，这两样食品具有神奇的色彩，让很多的法国人和外国人都心驰神往。这也许是理解出现以上结果的关键所在。无论是来自何地的法国人，他们对于巴黎和普罗旺斯—蓝色海岸的看法都很平平，可能是因为这些地方的饭馆价位昂贵的原因，绝不会是从上等饭馆的数量上得出的评判结果。尤其是对巴黎来说，不会从那里独具特色的佳肴的种类和质量来得出其他的结论。通过对受访者所在地区的结果进行分析，我们看到了一种沙文主义。这可能会让一个自以为客观、内行的民族感到有些意外，但这确实是法国人一个主要的特征。每位法国人都会根据他的出生地或以之为参照形成他的美食地理概念。这和格林·达尼埃尔的幽默有些类似。这位著名的英国史前学家认为，从勒阿弗尔到卡尔纳克以及从加莱到拉斯考沿线肯定能找到美味佳肴！（参看地图）

寻根是法国人一种最强烈的思乡的表现方式。这个小国度是一个“怀旧之地”。法国人按照这条“阿里亚娜之线”可以重新体会真正的美味。反对农业食品工业和大规模的销售是一场防御战，几乎没有机会取得胜利。如果将之视作一种冒险，这场战斗的结果对谁都没有好处。否则，就会出现食品匮乏，以及农业萧条、某一产业和繁荣的服务业出现的失业。

不过，确有必要全面改善食品的质量。为此应停止当前正在进行的追求（各种食品）同质性的行为，尊重地方特色产品的多元化。

各地居民对不同食物的喜好

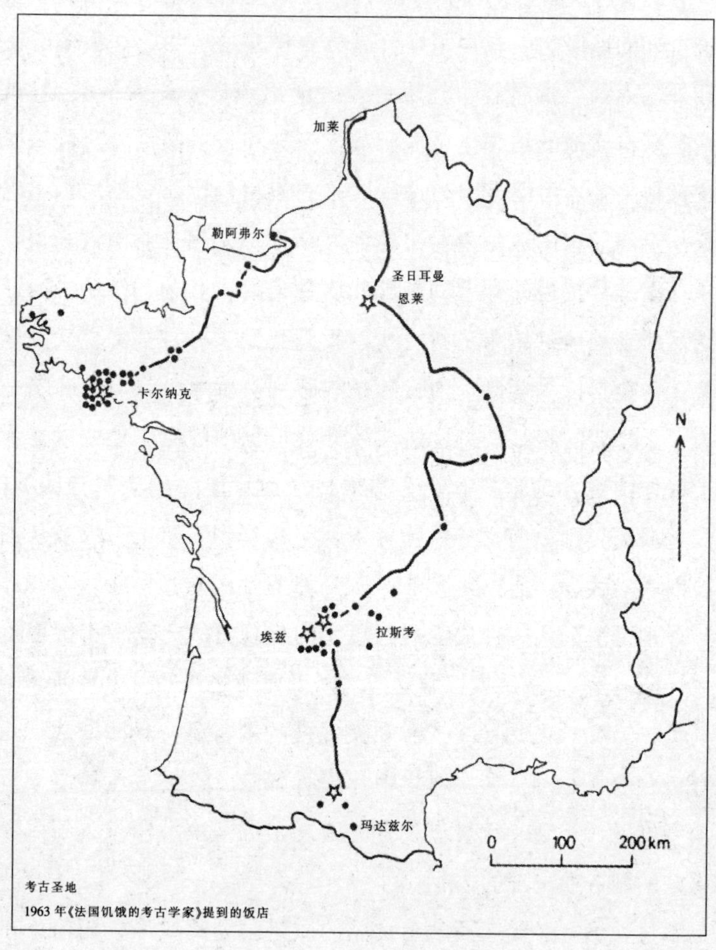

不过，与某些经济领域固有的观念相反，这一进程与农业和食品工业现代化以及大规模的销售完全兼容。

直到现在，葡萄酒工艺为我们提供了这方面最好的范例。确实在香槟地区和博若莱地区也有几点感觉不安的理由，我们对某些容易培育、利润一般的葡萄苗传播地过多过滥略感遗憾，比如洛桑葡萄苗，或者是像桑塞尔或勃艮第地区那样将葡萄酒价格抬得过高，尤其是夏布利或位于第戎与桑特耐地区之间的地区。近 30 年来，中部地区只产一些质量极为一般的饮品，这些未成名的地方小酒自从出了根瘤虫害后就一蹶不振。波德莱酒则陷于丑闻和不合规矩的剪枝而处境尴尬。所有地区的大多数葡萄农对发酵技术和酿酒工艺控制得并不是很好。全国酿酒研究会执行了既严格而又灵活的政策，快速清理了大批普通葡萄园，拓展了所有的优质葡萄园，种植当地的特色葡萄苗，运用十分成熟的葡萄种植和葡萄酒酿制工艺，获取固定的收益。各地方的叫法也因此多种多样，无论是乡村的还是地区的，均体现出对这一职业的赞赏：比如葡萄农、合作社社员、批发经销商、葡萄酒工艺师、饭店老板。

在诸多事例中，我们可以举出加霍的复兴、尼姆靠墙式苗圃的复兴、还有上普瓦图葡萄酒、努伊的上海岸以及伯纳上海岸葡萄酒的复兴。我们还要向波尔多酒的基因改造、勃艮第的第一批岸酒和名酒、罗讷河岸以及卢瓦尔河谷的好酒在提高质量上所做出的努力表示敬意。最令人称奇的提升是阿尔萨斯的葡萄酒。这一地区在第二次世界大战结束前几乎不产任何好酒，而现在该地区已发展出了一系列的优质产品，质量好，品牌响。典型的、经过精心培育的葡萄苗价格优惠，当地的名酒独一无二，因为其葡萄苗都是晚期收获，且葡萄的果实都是优中选优。艾吉沙姆合作社、精明能干的葡萄农—经销商，如里克维尔的于格，以及伊拉沃森的哈埃伯林兄弟开的饭馆，他们共同努力打造出了当地酒的名声。他们并不是法国唯一致力于重新树立那些被遗忘或不受重视的葡萄农的人群。马克·莫农率先推动了维兹莱葡萄园的重建，乔治·布朗对马孔葡萄酒的复兴功不可没，米歇尔·盖拉尔则为朱朗松葡萄酒的出名不遗余力。

法国人对于葡萄酒的品味总是在与时俱进。越来越多的法国人更加欣赏各地的优质名牌酒。通过不断地旅行，他们对于这些酒的来历、特色和体会也越来越丰富。这里也有一个新现象——我们希望它不会是昙花一现——可以与目前人们对于歌剧的狂热类似。让所有的葡萄种植者和葡萄酒酿造者们将对这些品牌的关心转化为生活中的习惯，同时要让消费者们不断地要求制造商和营销商提高质量，提供更加热忱的服务，也就是说更加致力于培育上好的葡萄苗，提高酿酒工艺。在品酒的一刹那，重新感受一道风景、一种气氛，体验葡萄农的人格，延伸下去体会标有酿造年份的品牌酒的诸般特点，这是多么深沉的人生享受！

如此说来，高科技的发展和工业化并未毁掉法国的葡萄酒。超市依然有质量上乘的葡萄酒，价格十分有吸引力，当然也有质量一般的。在营销领域，大的批发商并未扼杀了小商贩的生路，许多小葡萄农仍然很活跃。他们可以将自产自酿的产品卖给专门的客户，因为他们之间保持良好的默契。

但是，为什么在葡萄酒上面取得的成功未能成功地适用于其他农产品领域呢？其实只要顾客表现出欲望就足够了，BSN、SOPAD—雀巢、贝尔、奥利达还有其他的品牌肯定会动起来。他们控制着一个很广泛的销售网，搜集有特色的、昂贵的、凝聚着地方文化的产品。安东尼·里布是BSN的总裁，十分热衷于罗斯特罗波维奇的产品。他对这样的说法不可能无动于衷。也许他会心甘情愿、毫不犹豫地认可这场变革的必要性。因为他可以看到，他的同代人正从其中发掘出新的繁荣……他的公司正在大发其财。爱德华·勒克莱尔不是也认同这种观点的吗？他在所开设的超市里销售着大量从中小企业那里组织的货源。

法国农业科学研究院长期以来鼓吹生产率至上、技术至上和标准化，现在看起来它也察觉其行动的局限性。最近，它已决定与高级烹饪工商会合作，推广优质蔬菜和动物良种。现在双方已就土豆和牛肉开展了一些合作。比如在牛肉方面，请了一些大厨进行评比。大厨们闭目品尝了烤牛肉后，共同推选出改良的利穆赞牛。这是一种真正的等外品——竞争力很低，远远地排在大家公认的优质品种——传统的夏洛尔牛之后。这个结果表面上令人惊讶，但实际上并不难理解，要知道夏洛尔的牧民们从未能在确保提供优质牛肉的饲养技术方面达成共识，他们对生产率至上的“危险警报”十分敏感。

再次强调一下，质量，也就是食品生产要注重营养和想象力，应该是有利可图、有钱可赚的。更重要的是，质量是法国农业未来唯一的王牌。农业对国际行情最微妙的变化十分敏感。而在当今富国，生产过度，行情却难以把握，紧急刹车的风险很大。但也有足够的事例说明法国所有的农户已对他们错过的机遇及时进行了反思。

比如，他们对伊思尼的合作社进行表彰，因为该社生产了质量很好的卡芒贝奶酪、黄油以及奶油；还有埃希雷合作社干得也很好，总统府、摩纳哥王宫以及各大高级饭店都争先恐后地订购其黄油，利奥内尔·布瓦拉纳也得到很高评价，它向所有的巴黎市民、纽约人还有世界上各地的市民们提供优质的面包，他们会不遗余力地到处寻找其销售点。

有一天，或许马赛的面包口味不同于夏尔特，鲁昂的牛排与南希的味道各异，而盖朗德的盐则与埃戈—毛尔特的各有千秋。这是乌托邦式的幻想吗？是自鸣得意的知识分子虔诚的愿望吗？并不一定。

农业部部长似乎突然意识到由追求规模经济、鼓励盈利所主导的计划管制经济已经失败，农民负债累累，境遇悲惨。他终于理解了首要之事应是明确地优先发展人性化的食品。自此，所有产品都应和葡萄酒一样享有原产地优质产品的称号。有关的法令在国民议会中得到了除法国共产党之外所有议员的一致通过。这一点意义重大。1989 年 11 月，时任农业部部长的亨利·纳莱在博恩召开了欧共体十二国的农业部长会议，以讨论通过这一政策的依据。拜他所赐——这毕竟是伟大的第一次，但任重而道远，还需要说服我们北方的邻国，甚至还要先说服我们自己的农民们。

我们并未穷途末路！让法国人再次说服自己真正享受美食吧！让他们摆脱时常沾染的懒散恶习吧！他们将挽救自己的乐观主义精神，更明确地讲，将挽救他们经济的重要组成部分，欧洲和发达国家已经过分地舍弃掉原始的磨坊去追求美食了。即使是个“添头”，其实也是无价的；在实现自给自足的过程中我们什么都不会失去。

Gastronomie Française: Histoire et Géographie d'une Passion by Jean-Robert Pitte

图书在版编目（CIP）数据

舌尖上的法国/（法）皮特著；李健译．—北京：中国人民大学出版社，2015.1

（明德书系·趣味文明史）

ISBN 978-7-300-20570-0

Ⅰ.①舌… Ⅱ.①皮… ②李… Ⅲ.①饮食-文化-法国 Ⅳ.①TS971

中国版本图书馆 CIP 数据核字（2014）第 312081 号

明德书系·趣味文明史

舌尖上的法国

一种激情的历史与地理

［法］让-罗伯尔·皮特　著

李　健　译

Shejian Shang de Faguo

出版发行　中国人民大学出版社

社　　址　北京中关村大街 31 号　　邮政编码　100080

电　　话　010－62511242（总编室）　010－62511770（质管部）

010－82501766（邮购部）　010－62514148（门市部）

010－62515195（发行公司）010－62515275（盗版举报）

网　　址　http://www.crup.com.cn

http://www.ttrnet.com(人大教研网)

经　　销　新华书店

印　　刷　涿州市星河印刷有限公司

规　　格　148 mm×210 mm　32 开本　版　　次　2015 年 2 月第 1 版

印　　张　5.25 插页 7　　印　　次　2015 年 8 月第 2 次印刷

字　　数　121 000　　定　　价　28.00 元